Friedrich Schneider

Der alte Fuchs

Impressum

Herausgeber:
cw Nordwest Media Verlagsgesellschaft mbH • Am Lustgarten 1 • 23936 Grevesmühlen
Tel./Fax: 03881/2339 • info@nwm-verlag.de • www.nwm-verlag.de

Autor: Friedrich Schneider

Gesamtherstellung:
cw Nordwest Media Verlag
Erscheint unter dem Label: FOX

ISBN: 978-3-946324-62-1

Friedrich Schneider

Der alte Fuchs

INHALTSVERZEICHNIS

Der alte Jäger wird müde - oder doch nicht?

8 Jahrzehnte

Da weile ich nun schon 80 Jahre als Gast auf dieser schönen Erde. Mein erfülltes Leben ist bis zum heutigen Tage geprägt von einer, von meinen Eltern und Großeltern behüteten, wenn auch entbehrungsreichen Kindheit mit meinen 4 Geschwistern, einer arbeitsreichen und strebsamen Jugend und einem erfolgreichen Berufsleben als Forstmann und Jäger. Dabei konnte ich mich auf den Rückhalt bei meiner lieben Frau Rosemarie, Tochter Anja, Schwiegersohn Stephan und vielen guten Freunden und Kollegen immer verlassen. Ich bin so dankbar, dass ich in geistiger und körperlicher Frische mit Wachtelhündin und Drilling in meiner schönen sächsischen Heimat dem Weidwerk nachgehen, täglich die Jahreszeiten in Wald, Feld und Natur verfolgen und meinen 3 Enkeln Till, Fritz und Carl die Liebe zu den Tieren, Pflanzen und allem Lebenswerten mitvermitteln kann.

Nun hat man jetzt natürlich auch Zeit und Muße, ohne Angst vor irgend welchen Konsequenzen, Geschehnisse aus der Vergangenheit wie einen Film vor seinem geistigen Auge ablaufen zu lassen, darüber seine Meinung frei zu äußern und aufzuschreiben. Schließlich muss man sich in meinem Alter nichts mehr beweisen und braucht sich auch nicht ständig neue Feindbilder zu errichten. Klar, ertappe auch ich mich hin und wieder mit der Meinung: „Mensch, das haben wir früher in der Land- und Forstwirtschaft, der Jagd oder auch im Naturschutz viel besser gemacht!“ Doch dann muss ich eben auch wieder von dem „hohen Ross“ heruntersteigen und mir sagen: „Junge, bleibe ruhig und denke nach. Die meisten heute Verantwortlichen haben ihre Köpfe auch nicht nur zum ‚Haareschneiden‘ und müssen die vielen alltäglich auftretenden Schwierigkeiten meistern.“

Deshalb möchte ich mit den Geschichten in diesem 2. Buch „Der alte Fuchs“ auch mal Probleme beleuchten, die ich fast alle wieder miterlebt habe. Heute kann ich in den meisten Fällen darüber nur noch schmunzeln. Ohne nachtragend zu sein, vergessen werde ich sie aber nicht. Sie sollen erneut zu einem Lächeln und zum Nachdenken anregen. Deshalb habe ich mein Langzeitgedächtnis durch vieles Erinnern, Erzählen, Lesen und Aufschreiben trainiert. Denn, was nicht „Schwarz auf Weiß“ belegt, ist nach Jahren verraucht und vergessen!

Friedrich Schneider, Oberforstmeister i. R.
Dresden-Hellerau, im Jahre 2023

Auch auf selbst erlegten Füchsen ist gut ruhen!

Höre die Stimme des Waldes, Mensch:

Ich bin das Holz deines Hauses,
dein Dach, dein Stuhl, dein Bett.
Die Wiege deines Kindes.
Ich begleite dich von Anfang bis Ende,
spende Wärme und Schatten,
bin Heimat für Vögel und Falter, Rehe und Dichter.
Ich heile deine Leiden durch Beeren,
Kräuter und Säfte, bremse den Sturm,
die Fluten der Flüsse im Frühling,
schlucke den Staub und Lärm
deiner Städte und Straßen.
Meine Wurzeln fangen und filtern
den Regen, damit du zu trinken hast.
Meine Wipfel schaffen dir Luft.
Ich gebe dir Arbeit und Schönheit,
Einsicht und Mut.
Ich bin dir ein guter Nachbar, Mensch!
Höre meine Stimme:
Wenn ich tot bin, stirbst auch du !

Inschrift einer Tafel auf der „Schönen Höhe" bei Dürrröhrsdorf

Aus dem Alten sprießt das Neue

Letztes Weinachten auf unserem Hof in Nentmannsdorf 1944
(Verf. m. mit Bruder und Schwester)

Großvater Georg mit unserem polnischen Fremdarbeiter
Stanislaus und den beiden Braunen bei der Kartoffelernte 1944

Der Tag der Befreiung

Am 8. Mai 1945 erhielt Deutschland die Quittung für all das Leid, dass dieses „Tausendjährige Reich“ mit dem 2. Weltkrieg über Europa und die Welt gebracht hatte. Doch an wem wurden nun die berechtigte Rache und der Frust an dem Tage, und auch später noch, vorrangig ausgelassen? „An seinen Mitläufern, die das verbrecherische System loyal gestützt hatten.“

Die Erlebnisse dieses sonnigen Maitages, als auf unseren Hof die Rote Armee einrückte, haben sich tief in meine Erinnerungen, als damals fast Fünfjährigem, eingegraben. Noch am Vortage setzten sich Reste der Deutschen Wehrmacht übers Osterzgebirge nach Böhmen ab. Sie konfiszierten noch den fast neuen Deutz-Traktor, den mein Vater 1943 gekauft hatte, um ein größeres Geschütz mitzunehmen. Die älteren Bürger und Kriegsverletzten versenkten liegen gelassene Waffen und Ausrüstungsgegenstände in unserem großen Karpfen- und Feuerlöschteich, um den anrückenden Rotarmisten keine Handhabe für Racheakte zu geben. Ein paar ganz Fanatische vom Jungvolk versuchten noch in der Nacht zuvor im Seidewitztal Panzersperren für den „Endsieg“ zu errichten.

In den Wohngebäuden unseres Gutes hatten meine Eltern und Großeltern viele Dresdner Bombenopfer, meist Verwandte, sowie Flüchtlinge aus den deutschen Ostgebieten, aufgenommen. Alle Räume des großen Wohnhauses und des Seitengebäudes waren belegt.

Dazu arbeiteten bei uns noch 2 sowjetische, 2 polnische und 1 französischer Fremdarbeiter.

In den frühen Vormittagsstunden rollten die ersten T34-Panzer auf den Hof. Mein Großvater, seit Jahrzehnten ehrenamtlicher Bürgermeister von Nentmannsdorf, und mein Vater, der Stalingrad als einfacher Soldat mit schweren Erfrierungen lebend überstanden hatte, wurden von „guten Freunden“ denunziert. Und so spielte sich dieser Tag und noch viele weitere, bei uns ab. Einzelheiten, die sich bei mir tief eingeprägt haben, möchte ich hier schildern:

Alle Bewohner und Einquartierungen unseres Gutes sperrte man in den geräumigen Saal im Obergeschoss. Die jungen Pflichtjahrmädels verkrochen sich aus Angst vor Vergewaltigung unter die Federbetten und die Großmütter und Tanten legten sich oben drauf, um sie zu schützen. Wir Kinder verfolgten aus den Saalfenstern, was sich im und vor dem Hofe, im Obstgarten und am Teiche abspielte.

Zunächst trat mein Großvater Georg durch die Haustür und überreichte einem sowjetischen Offizier seine Jagdwaffen. Das waren so um die 10 Stück. Der gab sie mit einem Befehl an zwei Soldaten weiter. Die hängten sie sich um und liefen zum betonierten Teichdamm. In der Nähe des Überlaufs schlugen sie von den wertvollen Jagdwaffen die Schäfte an der Mauerkante ab und warfen die Überreste in den Teich. Danach sah ich, wie Großvater unsere beiden dunkelbraunen Ackerpferde aus dem Stall des Auszugshauses führte. Mit lautem Hallo schwangen sich zwei Soldaten auf deren ungesattelte Rücken, schlugen ihnen mit ihren Koppeln auf die Keulen und preschten die Dorfstraße hinab. Die Pferde sahen wir nie wieder.

Dann fesselte man meinen Großvater mit einem Strick, beugte ihn mit dem Kopf in einen

Kellerfensterschacht und schlug mit einem Knüppel solange auf ihn ein bis der kleine, korpulente Mann, schreiend vor Schmerzen, im Keller verschwunden war. Danach führte man unseren Vater und den Nachbarn, meinen Patenonkel Arno A., auf den Teichdamm. Irgendeiner hatte den Befreiern gesteckt, dass der Teich voller Sturmgeschütze und Kriegwaffen liege. Die beiden Teichbesitzer sollten nun das Wasser ablassen. Sie versuchten den Russen klarzumachen, dass der Ablassschieber unter Wasser liege. Das dolmetschte unsere russische Fremdarbeiterin Jana. Ein Russe ließ sie übersetzten, dass die beiden „Fritzen" jetzt erschossen werden. Unsere Fremdarbeiter aber stellten sich geschlossen vor die beiden Bauern und retteten ihnen das Leben.

Sie wurden bei uns immer menschenwürdig behandelt. Mein Vater unternahm mit ihnen sogar Ausfahrten mit der Kutsche oder dem Pferdeschlitten in die Sächsische Schweiz und ins Osterzgebirge, was ihm damals auch entsprechenden Ärger einbrachte.

Mit einer Mpi-Salve über ihre Köpfe der am Teich Anwesenden beendeten die Russen den Disput. Die beiden Männer stürzten sich in den Teich. Meine Mutter schrie am Fenster laut auf. Aber es geschah ein Wunder. Vater und Arno tauchten unter, schwammen in dem trüben Wasser bis unter die überhängenden Weidenbüsche am gegenüberliegenden Ufer und flohen aus dem Dorf. Doch das erfuhren wir erst zwei Tage später.

Nun befassten sich die mittleren Dienstgrade mit den Leuten im Saal. Ich sehe noch wie heute, als ein untersetzter Sergeant ins Zimmer trat, auf das Parkett „rotzte" und an einer Eierhandgranate nestelte. Ein anderer Soldat schnappte sich meine Schwester, nahm sie auf seinen Arm und schrie: „Uri, Uri, sonst Djewutschka (Mädchen) kaputt!" Alle älteren Frauen banden ihre Armbanduhren ab und zogen die Ringe von den Fingern. Der Russe freute sich, raffte die Wertgegenstände ein und setzte meine Schwester wieder ab. Meine Mutter musste nun den schwarzen Volksempfänger („Goebbelsschnauze") einschalten. Da aber an dem Tage natürlich keine Musik zu empfangen war, wurde unsere Kuckucksuhr aus der Stube geholt und deren Zeiger in Bewegung gesetzt. Die Zeremonie der ununterbrochenen Kuckuckrufe bereitete den Soldaten sichtbare Freude. Sie klatschten in die Hände und schlugen sich auf die Oberschenkel.

Doch da bemerkte der „Stubenrotzer" ein grobschlächtiger, schlitzäugiger und untersetzter Asiate, dass unter den Federbetten junge Mädels lagen. Er zerrte meine Großmutter vom Bett, trat ihr mit dem Stiefel in den Rücken, zückte eine Streichholzschachtel und legte Feuer an die Bettdecke.

Da brach das Chaos aus. Meine Mutter, ihre Schwester Marianne und Oma Dora aus Dresden schnappten uns Kinder. Alle im Saal Anwesenden überrannten die paar Russen, flohen den langen Flur entlang, die steile Hintertreppe hinunter und durch den Obstgarten in Richtung Weinberg. Der seitliche Feldweggraben gab uns Deckung gegen ein paar Gewehrschüsse, die man uns nachsandte.

So erreichten wir den Wald, als Marianne plötzlich bemerkte, dass wir von einer männlichen Person verfolgt wurden. Um so schneller verkrochen wir uns im Unterholz des Eichenniederwaldes. Am Abend, bei völliger Dunkelheit, erreichten wir den Nachbarort Biensdorf und übernachteten zu sechst zwei Nächte in einem Doppelbett bei dem uns bekannten Bauern E.. Am zweiten Morgen schlich sich Marianne, unsere „Nannel“, in aller Frühe auf den Weinberg zurück, um zu sehen, ob unser Hof noch steht? Das war der Fall, da die Zündler das Feuer scheinbar selbst gelöscht hatten.

Als wir am späten Nachmittag auf der Seidewitztalstraße flussabwärts in Richtung Nentmannsdorfer Mühle liefen, sahen wir einen Mann am Ufer des Baches auf einem Stein sitzen, der seine Beine im Wasser hängen hatte. Welche Freude, es war unser Vater, der auf der Suche nach uns, die Reste seiner amputierten Füße im Wasser kühlte. Er berichtete uns sofort, das sich der Dresdner Großvater Fritz, der am 8. Mai gegen Mittag zu Fuß aus Dresden eingetroffen war, ebenfalls auf die Suche nach uns begeben hatte. Er war die Person, vor der wir geflüchtet waren.

So hatte unsere gesamte Familie diesen historischen „Feiertag“ ohne größere Opfer an Leib und Leben überstanden. Keiner ahnte damals, dass wir ein halbes Jahr später Haus und Hof für immer verlassen mussten und unser Vater für drei lange Jahre von den Besatzern an einen unbekannten Ort verschleppt wurde. Die Denunzianten und Möchtegernbauern A. und S. erhielten neben 2 Umsiedlern nach der Bodenreform die besten Neubauernstellen auf unserem Hof. Das Protokoll der Bodenkommission, wir besaßen keine 100 ha, die mehrheitlich gegen eine Enteignung gestimmt hatte, liegt mir seit der Wende abschriftlich vor. Die beiden Scharfmacher hatten die Enteignung bei den Mitgliedern mit „Sibirien-Drohungen“ durchgepeitscht. Sie ruinierten in wenigen Jahren ihr unredlich erworbenes Eigentum so gründlich, dass sie es wieder aufgaben. Die in einer heutigen „Ortschronik“ gemachten Angaben über unsere Familie und unseren Hof in den 1940er Jahren sind unvollständig und teilweise unwahr: Doch das ist eine andere Geschichte.

Nun wird sich mancher Leser fragen. „Und was hat das mit dem Titel des Buches zu tun?“ Da kann ich ihm nur antworten: „Jeder Mensch wird besonders in jungen Jahren vom Leben geprägt. Und dabei spielen die Altvorderen eine besondere Rolle. Sie formen den Charakter, die Achtung vor den Menschen, dem Alter, der Arbeit, der Natur und auch seine Liebe zu allem Schönen dieser Welt, wozu ich besonders den Wald und die Jagd zähle.“ Wie sagte doch schon Goethe so treffend:

Felsklettern

Als man mir im Frühjahr 1962 trotz bestandener Aufnahmeprüfung an der Forstfachschule Schwarzburg erneut den Zugang zur Jagdeignungsprüfung verweigerte, nutzte ich meine Freizeit, die mir nach der körperlich schweren Waldarbeit im Holzeinschlag blieb, um mich im Felsklettern des Elbsandsteingebirges zu versuchen.

Meine beiden Helmsdorfer Schulfreunde, die Brüder Gerald und Rangolf S. hatten in den Felsen schon langjährige Erfahrung und schleppten mich nun mit in die reizvolle Gegend der Sächsischen Schweiz.

Als Nachsteiger hing ich als Anfänger sicher im Seil. Der Polenztalwächter war mein erster Gipfel. Nach zwei Abrutschern schwebte ich nach draußen übers Tal und klatschte, mit Händen und Füßen nach vorn, unverletzt zurück an die Wand. Mit Hängen und Würgen, der tatkräftigen Zugleistungen des Vorsteigers und der Zuhilfenahme der beim Klettern nicht gestatteten Knie erreichte ich den Gipfel. Ein kameradschaftliches: „Berg Heil"!, und die erste Eintragung in ein Gipfelbuch waren für mich das Schlüsselerlebnis.

Dieses Gipfelbuch ruht mit Sicherheit noch heute im Archiv des Bergsteigerbundes. Später ging's dann ins Basteigebiet. Am Wartturm zog ich mich in einem Kamin der untersten Schwierigkeitsstufe nach oben. Die Touristen beäugten von der Basteiaussicht mit Ferngläsern argwöhnisch meine Kletteranfänge. Die Hirschgrundtürme zwischen Bastei und dem Steinernen Tisch und das Gansmassiv waren meine Lieblingsorte. Hier führten einige Kamine zu den Gipfeln, in denen ich mich wie ein Schornsteinfeger nach oben stemmen konnte. Das Außenwandklettern liebte ich weniger, da bei mir, wenn ich nach unten sah, die „Nähmaschine", das Zittern der Beine, einsetzte.

Der Polenztalwächter, mein erster Gipfel

So vergingen Wochen und Monate. An einem späten Nachmittag standen meine beiden Bergfreunde wieder mal vor der Haustür. Ich war gerade dabei meine kohlschwarzen Arme nach der Fichtenlohrindegewinnung mit Waschpaste zu säubern. Gerald schlug vor: „Heute machen wir noch schnell einen leichten Weg an der Basteibrücke."

Wir schwangen uns auf die Motorräder und in kurzer Zeit waren wir vor Ort. Der Bergführer G. stellte sich an die Seitenmauer der Brücke und sah nach oben zum Gipfel: „Diese Eins in dem Riss machen wir gleich ohne Seil zum Aufwärmen." Ich in der Mitte, kletterten wir zügig nach oben und waren in wenigen Minuten auf dem Gipfel. Dort genossen wir die herrliche, abendliche Aussicht zum Lilienstein, dem Hohen Schneeberg, weiter zur Nonne, den Rauensteinen und zur gemächlich dahinfließenden Elbe. Dann krabbelten wir bäuchlings wieder vorsichtig nach unten.

Gerald und Rangolf standen schon auf der Basteibrücke, während ich versuchte, mit dem linken Fuß, die Brückenmauer zu erreichen. Da passierte das Malheur. Ich rutschte mit der rechten Hand aus einem Felsengriff und stürzte kopfüber nach unten. Mein Riesenglück war, dass ein Felsvorsprung unter dem Brückenbogen, ein Sims, meinen Fall bremste und ich mich dort halten konnte.

Ich lag auf dem Rücken und blickte in die entsetzten Gesichter meiner beiden Bergfreunde.

Gerald rief mir zu: „Ja nicht bewegen, sonst fliegst du noch weiter hinunter!"

Er rannte zu seinem Rucksack, zerrte ein Seil heraus und ließ es von der Brücke herab. Rangolf kletterte zu mir runter und band mir das Ende unter den Armen um die Brust. Gemeinsam hievten sie mich nach oben. Da ich mir nur die Knie und Ellenbogen ein wenig aufgeschlagen hatte, konnte ich meine Rettung aktiv unterstützen. Die beiden Experten machten sich anschließend die bittersten Vorwürfe, dass sie mit mir so leichtsinnig, ohne Seilsicherung, geklettert waren.

Es dauerte längere Zeit, bis ich die Angst am Felsen wieder überwunden hatte. Noch heute ärgere ich mich über unseren Leichtsinn und danke meinem Schutzengel, der mich auf dem Felsvorsprung festgehalten hatte.

Obwohl ich später die Kletterei an den berühmten „Nagel" gehängt habe und die Jagd zu meiner Berufung wurde, bin ich noch heute fast jedes Wochenende in meinem geliebten Elbsandsteingebirge. Mit leichtem Schauern und Respekt beobachte ich jetzt die tollkühnen Kletterer, wie sie sich an den Außenwänden und Überhängen zum Gipfel hangeln.

Hinter dem linken Bogen der Basteibrücke ging's hinunter!

„Poldy“

An der Forstfachschule in Schwarzburg hatten wir einen Dozenten der alten sudetendeutschen Förstergilde. Ottomar B., genannt „Poldy“, lehrte in meinem Semester das Fach Forstschutz, zu dem auch die Wildkunde als Nebenfach gehörte. Hier legte ich bei ihm das zweite Mal die Jagdeignungsprüfung, mit Schwerpunkt der Biologie der jagdbaren Tierarten, ab. Dabei spielte es keine besondere Rolle, ob man bereits Jäger war. Die Weidmänner wurden bei ihm aber besonders „gezwiebelt“. Von den vorherigen Semestern wussten wir, dass er bei der Schießprüfung auf dem oberhalb der Schule liegenden Kleinkaliberstand nach einem Vorkommnis stets besondere Aufmerksamkeit walten ließ.

Was war geschehen? Poldys Hanghühner der Rasse „Italiener“ hatten sich an die Knallerei auf dem Schießstand gewöhnt und scharrten oft in Nähe der beiden Scheiben nach Bodengetier oder huderten ihr Federkleid im Sande. Und so wollte es der Teufel, dass ein Prüfling den bunten Hahn mit einem wohl gezielten (?) Schuss in die ewigen Jagdgründe beförderte. Was danach los war, kann sich jeder denken.

Vor den Semesterferien wartete Poldy in der Unterstufe immer auf eine besonders prekäre Frage, bei der er regelrecht auflebte. So guckten wir einen Forstschüler aus, der nun in der letzten Vorlesungsstunde wie folgt fragte: „Herr B., stimmt es, dass Rothirsche onanieren?“

Ein Strahlen ging über das Gesicht des älteren Herrn und mit hochgezogenen Augenbrauen schaute er freundlich über seine randlose Brille. Dann begann er seinen Vortrag über die Lebensweise des Rotwildes. Der letzte Satz endete: „Mittelalte Hirsche, die in der Brunft nicht zum Zuge gekommen sind, stellen sich manchmal über einen meterhohen Strauch und befriedigen sich mit konsulvischen Zuckungen selbst. Das habe ich als junger Jäger in meiner früheren, böhmischen Heimat mehrmals beobachtet.“ Alle trommelten auf die Tische und freuten sich, dass Poldy auch in diesem Jahr diese Frage wieder ausführlich beantwortet hatte.

Eine gewisse Schadenfreude bemerkten wir bei ihm immer, wenn er wieder einmal einem faulen Forstschüler die Note 5 verpassen konnte.

An einem Montagmorgen nach den Winterferien betrat Poldy missgelaunt den Klassenraum und knurrte in seinem Heimatdialekt: „Horchens, Zettel raus, wir schreiben jetzt eine Kurzarbeit zum Thema: ′Lebensweise und Bekämpfung des Buchdruckers (Ips typographus)′. Zeit habens dazu 30 Minuten!“

Alles schnaufte und ein Schüler meldete sich zu Wort: „Aber das geht doch nicht. Diesen Stoff haben wir vor fast einem Jahr behandelt und Kurzarbeiten werden doch in der Regel zu unmittelbar vorherigen Themen geschrieben.“

Herr. B. darauf: „Diskutierens hier nicht rum, schreibens. Diesen Stoff muss ein Forstmann auch im Schlafe ständig parat haben!“

Die meisten Schüler, bis auf zwei, drei Streber, kauten an ihren Füllfederhaltern und brachten nur wenig aufs Papier. Pünktlich sammelte der Dozent die Zettel ein, blickte kurz darü-

Forstfachschule Schwarzburg in Thüringen, neu erbaut nach dem Brand von 1978

ber und schüttelte mit dem Kopf. Inzwischen klingelte es Pause. Die Massen, zu der Zeit 31 Schüler im Semester, waren sehr erregt, da viele wussten , dass sie sich eine schlechte Note eingefangen hatten.

Zwei Tage später gab es die Quittung. Poldy betrat wütend den Klassenraum und tobte: „Alle, bis auf einen, sinds mistfaul gewesen, das ganze Jahr über. 29 habens Note 5, einer Note 4 und einer Note 3!“ Er warf den Packen Zettel auf die erste Bank und begann seine Vorlesung. Das Fiasko hatte sich schnell in der Schulleitung herumgesprochen und für den Lehrer gab es ein Nachspiel. Er bekam vom Pädagogischen Rat den Auftrag, die Kurzarbeit neu zu bewerten. Ergebnis: 26 x 5, 3 x 4, 1 x 3 und 1 x 2. Damit hatte es sein Bewenden.

Auch an meiner 5 änderte sich nichts. Wer von uns Forstschülern hätte damals geahnt, dass der „Buchdrucker“ gute 50 Jahre später unseren deutschen Fichtenwäldern fast den Garaus macht und wie recht Poldy mit seiner Aussage hatte.

Vor den Semesterferien nach der Unterstufe bekamen alle Forstschüler von P. den Auftrag, für die Winterfütterung des Rehwildes, Himbeerlaubheu zu werben, zu bündeln, mit dem Namen zu versehen und im offenen, überdachten Motorradschuppen zum Trocknen aufzuhängen.

Als wir an einem Sonntag nach den Ferien gegen Abend mit unseren Krädern wieder in Schwarzburg eintrudelten, herrschte auf dem Plateau der Fahrzeugunterkunft hellste Aufregung. Alle Forstschüler wurden von Poldy persönlich empfangen. Unter seinen strengen Blicken musste nun jeder seine beiden Laubbündel aufschneiden. Es war eine Katastrophe. Die großen Bündel waren zu fest geschnürt worden, so dass dem Verderb Tür und Tor geöffnet waren. Das Heu war innen total verschimmelt und das übel riechende, staubige Geprassel rann durch Poldys Hände. Nun hagelte es erneut nur so „5en".

Jetzt hatte ich das Glück auf meiner Seite, da ich schon einige Heuernten zu Hause als Kind und später als Landwirtschaftsgehilfe mitgemacht hatte. Anstatt 2 große, hatte ich 3 kleine, locker geschnürte Bündel unterm Dach luftig aufgehängt.

Poldy saß hinterm Tisch, auf den ich das Laubheu platzierte und den Papierbindfaden mit meinem Jagdmesser aufschnitt. Seine Augen wurden größer, der Mund stand ihm offen. Er holte tief Luft und sprach: „Herr Schneider, faul sinds gewesen, nur 3 winzige Bündel, von denen kein Reh satt wird. Aber Schwein habens gehabt, dass sie nicht verschimmelt sind. Muss ich Ihnen wohl oder übel Note 2 geben."

Für die Gesamtnote 2 im Fach Forstschutz auf dem Abschlusszeugnis als Forstingenieur musste ich das Mehrfache tun, als in den anderen Fächern. Mir ist auch kein Schwarzburger Absolvent bekannt, der bei Poldy hier die Endnote 1 erreicht hat.

Dozenten der Forstschule Schwarzburg 1964 mit Spitznamen in vorderer Reihe, dahintermeine beiden Vorgängersemester wie auch ich sie erlebte: v. l. Plickat (Öko), Böttcher (Tscha-Tscha), Ebenrecht (Rechthaber), Brauner (Poldy), Grimm (Kumpel), Puschmann (Direks), Neumann (Gauß), Braun (Klotzer), Neudel (Bodengräber) mein Klassenlehrer, Müller (Flun)

Im Grenzgebiet

An der Forstfachschule Schwarzburg immatrikuliert zu werden, war wie ein Gewinn im Lotto. Schon, um zur Aufnahmeprüfung vom Heimatforstbetrieb delegiert zu werden, musste man Voraussetzungen wie den freiwilligen, mehrjährigen Wehrdienst, eine mit Bestnoten bestandene Forstfacharbeiterprüfung, eine mindestens zweijährige Waldarbeitertätigkeit im Holzeinschlag und in den meisten Fällen vor der Delegierung die Mitgliedschaft in der Sozialistischen Einheitspartei Deutschlands (SED) nachweisen.

So wurden in meinem Semester von ca. 300 Bewerbern 100 zur einwöchigen Aufnahmeprüfung und danach nur 30 zum Studium zugelassen. Ich konnte es kaum fassen, dass ich als Sohn eines ehemaligen Gutsbesitzers, nicht aus der Arbeiterklasse, nun als der eines Genossenschaftsbauern (LPG), zählte.

Die Zeit an der Forstschule in Schwarzburg war für mich mit die schönste in meiner Jugend. Dazu gehörten auch die obligatorischen Arbeitseinsätze in der sozialistischen Produktion, in der Land- und Forstwirtschaft und sogar beim Talsperrenbau.

So ging es bereits im ersten Winter, als auch an der Schule die Kohlen knapp wurden, für zwei Wochen in die Braunkohle nach Hoyerswerda. Dort arbeiteten wir Forstschüler im Holzeinschlag zur Grubenvorfeldberäumung. Später warteten ähnliche Arbeiten für uns aus der Unterstufe in der Dübener Heide.

Wir Schwarzburger Forstschüler zum winterlichen Holzeinsatz

Aber als besondere Erlebnisse zählten die Einsätze an der Staatsgrenze West in der 5 km-Sperrzone und sogar im 500 m Schutzstreifen.

Eines Tages hieß es: „Die LPG-Bauern einer kleinen Gemeinde bei Lobenstein benötigen dringende Hilfe in der Getreideernte, die sich dort auf Grund der Höhenlage bis weit in den September hineinzieht." So schnürten wir unsere Rucksäcke für eine Woche und man karrte uns ins Grenzgebiet. Auf einem leer stehenden Bauernhof, von dem man den unzuverlässigen Landwirt ausgesiedelt hatte, bezogen wir Quartier. Da schon andere Erntehelfer vor uns hier gewohnt hatten, ließ die Sauberkeit stark zu wünschen übrig. In den Plumpsklos standen die hart gewordenen Berge fast bis zur Brille hoch und es stank bestialisch.

Unsere Hauptbeschäftigung bestand dann in der Beladung der großen Leiterwagen mit den Getreidegarben auf dem Feld und der Entladung an der Dreschmaschine im LPG-Hof. Die Aufsicht führte unser Forsttechnikdozent Armin G., genannt „Kumpel", weil er uns häufig von Bergwerkseinsätzen aus seiner ehemaligen Heimat bei Zwickau erzählte. Sein besonderes Hobby waren Traktoren und ich muss noch heute über einen Satz lachen, den er mehrmals mit seiner hohen, piepsigen Stimme zum Besten gab: „Der Lanz-Bulldog ist das beste und ungewöhnlichste Arbeitstier, was man in Deutschland gebaut hat, er vertilgt an Treibstoff alles, mit dem man ihn füttert, er frisst sogar ausgelassenen Speck, wenn man die Grieben aussiebt."

Am ersten Morgen standen wir dann in Reih und Glied zur Arbeitseinteilung durch den Feldbaubrigadier. Der teilte uns Forstschüler den einzelnen Pferdegespannen zu. Dann fragte er. „Wer von euch hat schon mal mit Pferden zu tun gehabt und kann ein Gespann kutschieren? Einer meiner Gespannführer ist erkrankt und liegt im Nest." Alle guckten in die Runde und ihr Blick blieb bei mir hängen. Da trat ich vor und sagte: „Wenn es keine Vollblüter-Rennpferde sind, übernehme ich ein Gespann." Und so hatte ich den Himmel auf Erden. Ich fuhr die hochbeladenen Leiterwagen den steilen Feldweg abgebremst runter zur Dreschmaschine und denn die leeren wieder hinaus zum Beladen. Das lief drei Tage bestens.

Am vierten Morgen beim Frühstück trat der „Kumpel" an meinen Tisch und wetterte: „Kollege Schneider, so geht das nicht weiter. Sie sitzen den ganzen Tag auf dem Kutschbock und schaukeln sich ihr Geschröte, während alle anderen Schüler beim Be- und Entladen schwitzen wie die Schweine!" Erstaunt antwortete ich: „Wenn das so ist, fahre ich ab heute zum Beladen mit raus."

Man steckte mich auf die Fuhre, da das gleichmäßige Beladen oberhalb er Leitern, mit den grannigen Ähren nach innen, auch nicht jedermanns Sache war. Als wir zum 2. Frühstück an der Feldkante saßen und auf den neuen Wagen warteten, ratterte plötzlich der LPG-Vorsitzende auf seiner 125er RT heran. Mit finsterem Gesicht stieg er vom Motorrad, lief zum „Kumpel" und schnauzte: „ Was fällt dem jungen Kerl, der da drüben sitzt, ein, dass er heute die Gäule im Stall hat stehen lassen und den ganzen Arbeitsablauf durcheinander bringt?"

Armin G. schluckte verlegen: „Entschuldigung, das habe ich zu verantworten:" Ich lachte mir ins Fäustchen. Der Vorsitzende mit seiner ledernen Schiebermütze winkte mich zu sich heran und auf dem Schleudersitz der RT ging's zurück zum Pferdestall. Dann lief der Laden erneut wie die Tage vorher.

Am vorletzten Abend gab es ein kleines Erntefest im Dorfgasthof. Zum Tanz spielte ein älterer Herr mit dem Akkordeon. Die Mädchenklasse einer Berufsschule aus Saalfeld sorgte für Abwechslung. Das Freibier floss auch gut und nach Mitternacht verkrümelten sich die Tänzer und Tänzerinnen paarweise auf den Heimweg.

Mein Freund Georg B. aus der Mittelstufe, wir kannten uns bereits aus der Lehrzeit, und ich liefen zwei Mädchen in einen Bauernhof nach, wo diese ihr Quartier hatten. Da sie aber scheinbar mit uns nichts am Hut haben wollten, waren sie ruck-zuck im Hause verschwunden und verschlossen die große, schwere Tür hinter sich. So schlichen wir durch den Kuhstall zur Flurtreppe. Nur die Anbindeketten der Kühe rasselten leise. Auf dem langen Bauernhausflur in der Oberetage sah ich an einer Tür, ziemlich weit hinten, durch die Ritzen Licht. Auf Socken tasteten wir uns heran. Dann öffnete ich vorsichtig die Tür, in der Annahme, unsere Tänzerinnen zu überraschen. Doch was sehe ich? Im Ehebett auf der Fensterseite lag der ergraute Bauer und schnarchte wie ein Berserker. Neben ihm saß seine Frau im langen Leinennachthemd und strickte. Als sie im fahlen Licht der Nachttischlampe plötzlich über ihre runden Gläser der Nickelbrille sah, fuhr sie hoch und schrie: „Diebe!" Ich zog die Tür zu und in rasender Geschwindigkeit rannten wir im Dunkeln den Flur zurück. Dabei stieß Schorsch mit dem Kopf an einen an der Wand hängenden, schweren Bohnerbesen, der wie ein Geschoss mit lautem Knall auf die Diele krachte. Die Treppe hinunter, durch den Stall, einige Kühe erhoben sich und muhten, ergriffen wir unsere Schuhe und flüchteten durch die halbhohe Sommertür nach draußen.

Bei der Verabschiedung am Morgen dankte der LPG-Vorsitzende allen Erntehelfern für ihren Einsatz. Mir fuhr er mit seiner schwieligen, großen Hand über den Kopf und sagte gerührt: „Aus dir wäre sicher auch ein guter Bauer geworden."

Unsere nächtliche Ruhestörung hatte die Bäuerin glücklicherweise nicht gemeldet.

Erst Wochen später gab es dann doch noch ein Problem. Dem Forstschüler Fred B., der uns bereits im Winter einen Katzenbraten als Weihnachtshasen „verkaufte", hatte es ein schöner Bierseidel in der Vitrine hinter der Gaststättentheke angetan. Er schickte in der Mittagspause die Wirtin nach Apfelsaft in den Keller, griff sich den, einem Bauern gehörenden, Stammkrug, und nahm ihn mit nach Schwarzburg. Das löste eine ungeahnte Fahndung aus, die B. , der wiedererkannt wurde, fast den Studienplatz gekostet hätte. Eine gütliche Einigung zwischen ihm und dem Eigentümer des Bierkruges, wo sich Fred einen Zentner Asche aufs Haupt geschüttet haben soll, rettete ihn vor weiterem Ungemach.

Im Frühjahr, es war im Mai, suchte man für einen Sonnabend Freiwillige für einen nicht ganz gefahrlosen Arbeitseinsatz an der Grenze zu Bayern. Da eine gute Bezahlung zugesichert wurde, meldeten sich 10 Forstschüler. Auch mein Portmonee war leer, obwohl ich durch den Verzehr einer grauschwarzen Nacktschnecke eine Wette über 15 Mark gewonnen hatte. Als es aber ans Bezahlen ging und der „Dürre" S., der mir zugesehen hatte, sich übergeben musste, vertrösteten mich die anderen Beteiligten auf den Stipendienzahltag. Da kam auch mir der Holzeinsatz im Sperrgebiet gerade recht.

Am Grenzkommando wurden wir von einem Offizier der Grenztruppen, die seit Herbst 1961 zur Nationalen Volksarmee (NVA) gehörten, und einem Waldarbeiter empfangen. Man rüstete uns mit Sabinen, Wendehaken, Brechstangen und Äxten aus. Noch wussten wir nicht genau, was uns erwartete. Die eigentliche, unbefestigte Grenzlinie verlief am Oberhang eines Tales, das mit Altfichten bestockt war. Parallel dazu hatte man 200 m am Mittelhang einen unüberwindbaren, 3 m hohen Stacheldrahtzaun gebaut. Alle 5 m hielten starke Betonmasten den Drahtverhau, der wohl für 100 Jahre halten sollte. Zwischen den beiden Linien hatte man mit einem ca. 3 ha Kahlschlag die Fichten in Fischgrätenform, wie aus dem Lehrbuch, gefällt und geloht. Lohrinde war damals noch ein wichtiger Rohstoff in der Gerberei und Lederindustrie.

Vor uns spiegelten sich die frischen, weiß glänzenden Stämme, die mit ihren Stammenden fast zusammenstießen, in der Sonne bis hoch zur eigentlichen Grenze. Ein beeindruckendes Bild, mit welcher Präzision die dortigen Waldarbeiter dieses Werk vollbracht hatten. Das Reisig lag geordnet in Wällen zwischen den Stämmen von je bis zu einem Festmeter.

In Verlängerung der fischgrätenartig zusammenstoßenden Stammenden hatten die Grenzer den Stacheldraht auf zwei, manchmal drei Längen entfernt und eine oder zwei Betonsäulen umgelegt. Durch diese Gassen sollten wir nun die Stämme hinunter bis an einen Talweg lotsen. Wer gelohtes Holz kennt, weiß, wie glatt deren Oberfläche ist. An den oberen Stammenden setzten wir nun unsere Hebel an und brachten die mächtigen Bäume in so einen Winkel, bis sie der Schwerkraft folgend ins Rutschen kamen. Die „Geschosse" bewegten sich erst gemächlich bis zu den Zaundurchlässen. Aber dann donnerten sie in gerader Fahrt bis zum Talweg, wo sie sich teilweise tief in die Erde bohrten. Links und rechts des Kahlschlages standen Grenzposten zur Sicherung, obwohl sich auch sonst nur Lebensmüde dahin getraut hätten.

Je weiter wir dem Oberhang näher kamen, um so schwieriger wurde es, die Stämme in die Öffnungen zu zielen. Nahmen sie erstmal Fahrt auf, hieß es für uns nur noch zu Seite zu springen, um nicht mit- oder umgerissen zu werden. Doch dann nahm das Fiasko seinen Lauf.

Die ersten Stämme „fanden" den Durchgang nicht und prasselten an die noch stehenden Betonsäulen, die wie Streichhölzer wegknackten. Wir arbeiteten weiter und verfolgten, wie jeder Pfahltreffer den Grenzzaun mit den unzähligen Stacheldrähten bis auf gute 100 m in eine Schräglage nach unten zog. Bis gegen Mittag war zwar die Hälfte des Holzes am Talweg, aber die Zaunanlage auf 300 m total demoliert. Der verantwortliche Oberleutnant schlug die Hände über dem Kopf zusammen und jammerte: „Wenn das der Kommandeur sieht, die sperren mich ein! Die Reparatur dauert Wochen und was das kosten wird." Dann befahl er: „Aufhören!", und telefonierte lange Zeit übers Grenzmeldenetz.

Wir Stammlotsen stiegen zum Sammelplatz hinunter und warteten auf weitere Anweisungen. Da hörte ich plötzlich, wie ein Grenzer in meine Richtung rief und wild mit den Armen fuchtelte: „He, Schneider, bist du das und was machst denn du hier an der Grenze!?" Er kam mit hochrotem Gesicht auf mich zugerannt und schnappte nach Luft. Jetzt erkannte ich ihn. Es war Erwin Z. aus Löthain bei Meißen, mit dem ich die Grenzerausbildung in Ludwigsfelde und den 3jährigen Dienst in Mahlow bei Berlin abgeleistet hatte. Nach meiner Entlassung damals hatte er sich weiterverpflichtet und seinem langen Wunsche entsprechend, in den Thüringer Wald versetzen lassen. Er war inzwischen Feldwebel. Die Wiedersehensfreude war groß. Der Riese zerquetschte mich fast beim „Auf Wiedersehen". Von ihm habe ich später leider nichts mehr gehört. Aber der Grenzeinsatz in der Lohfichte bleibt mir unvergessen.

Da gab es in Schwarzburg eine Begebenheit, die mich noch heute nachdenklich stimmt. An einem frühen Nachmittag rief man die gesamte Schülerschaft in den großen Hörsaal. Es musste schon etwas Außergewöhnliches passiert sein. Vorn im Präsidium saßen der Schuldirektor, die Dozenten und ein älterer, grauhaariger, hagerer Oberforstmeister. Gespannt warteten alle Anwesenden auf die Ausführungen unseres Schulleiters P., der mit ernster Mine begann: „Verehrte Anwesende, wir haben uns heute mit einem Vorfall zu befassen, wie es ihn an unserer Bildungseinrichtung noch nicht gegeben hat. Das Verhalten eines unserer Forstschüler aus der Unterstufe, der vergangenen Jahres an unsere Schule delegiert wurde, ist zu verhandeln. Dazu begrüße ich den Direktor seines Staatlichen Forstwirtschaftsbetriebes Saalfeld, Genossen H., recht herzlich."

Was war geschehen? Die Eltern des Forstschülers bauten in der Nähe von Saalfeld an ihrem Einfamilienhaus. Dazu hatten sie das Baumaterial, dass es nur mit guten Beziehungen und erheblichen Schwierigkeiten gab, im Garten um das Grundstück gelagert. Nun stellte der Bauherr nach den Wochenenden immer wieder fest, dass Mauerziegel breit geworfen, Bretterstapel eingestürzt, die Kieshaufen verschiedener Korngrößen durcheinander geschaufelt waren und auch einiges fehlte.

Während seines Wäscheurlaubs legte sich unser Fortschüler auf die Lauer, um die Übeltäter auf frischer Tat zu ertappen. Als es dämmerte, erschienen eine Handvoll „Halbstarker", die sich in bewährter Art auf der Baustelle ihr Mütchen kühlten. Dabei flog das Baumaterial mit lautem Gegröle in alle Richtungen. Als der Bewacher sie überraschte und zur Rede stellen wollte, beschimpften und bewarfen sie ihn mit Steinen. Da gingen dem Forstschüler die Nerven durch, er griff sich sein bereitstehendes Luftgewehr und brannte dem einen der Steinewerfer ein 4,5 mm Diabolo auf den Arsch. Der schrie auf und hüpfte wie ein Flaschenteufel im Kreise herum. Daraufhin floh die ganze Bande und es herrschte von da ab Ruhe auf der Baustelle.

Doch diese Ruhe war trügerisch. Unser Luftgewehrschütze erhielt eine Anzeige wegen Körperverletzung an einem Jugendlichen, sein Forstbetrieb wurde verständigt und die Mühlen des Gesetztes begannen zu mahlen. Der blaue Fleck des Getroffenen war längst verheilt. Er hatte seine schmerzhafte Lehre aus seinem Verhalten gezogen. Woher die Anzeige kam, blieb zu mindestens für uns Forstschüler unbeantwortet und spielte auch bei der Verhandlung keine Rolle.

Vor der versammelten Schüler- und Lehrerschaft standen nun zwei Fragen, die bereits vorgefasst waren:

1. Wird der Täter, wie man ihn gleich betitelte, exmatrikuliert und muss sich mindestens weitere zwei Jahre als Waldarbeiter in seiner ehemaligen Brigade für die Fortsetzung des Studiums bewähren? Oder:

2. Er bleibt in Schwarzburg und die Schülerschaft übernimmt für ihn eine sozialistische Erziehungspatenschaft bis zum Ende des Studiums? Nach einer schier unendlichen Diskussion über das Für und Wider wurde, wie bei einer Wahl, abgestimmt. Mit überwältigender Mehrheit stimmten die Forstschüler dafür, den Geschassten, trotz seines nicht zu tolerierende Vergehens, das er längst bitter bereut hatte, an der Schule zu behalten, da man der Meinung war, dass er im Schülerkollektiv besser aufgehoben sei, als in seiner ehemaligen 5-köpfigen Waldarbeiterbrigade.

Der Sprecher der Oberstufe F. begründete in seiner ihm eigenen Harzer Mentalität das Ergebnis.

Mit hochrotem Kopf stand der Forstbetriebsdirektor auf und empörte sich: „Sie, als einer von der Arbeiterklasse delegierten Waldarbeiter, haben wohl vergessen, woher sie kommen? Ihre Arroganz ist nicht zu übertreffen und so etwas will später ein Forstreviere leiten!"

Kopfschüttelnd ließ er sich wieder auf seinen Stuhl fallen. Zu den Dozenten geneigt, sagt er noch: „Die Waldarbeiter und mein Betrieb sind weitaus besser in der Lage den Übeltäter wieder auf die richtige Linie zu bringen, als dieser überhebliche Haufen von Forstschülern!"

Da sprang der Sprecher auf und wollte noch etwas entgegnen.

Der Dozent P., der für seine poltrige Art bekannt war, schrie dazwischen: „F., Sie sind ein ausgemachtes Rindvieh!" Alle erschraken, da dieser Ton an der Schule nicht üblich, noch dazu von einem Dozenten, war. Der Schuldirektor beruhigte seinen Lehrer.

So ging die Versammlung wie das „Hornberger Schießen" aus. Entgegen des Mehrheitsbeschlusses wurde der Luftgewehrschütze gefeuert und in Schwarzburg nicht mehr gesehen. Danach munkelte man unter vorgehaltener Hand: „Das arme Schwein wird sich wohl nicht über die ‚Grüne Grenze' in den Westen abgesetzt haben, da seine Mutter nach dem Rauswurf geäußert haben soll, dass ihrem Sohn nun nur noch dieser Weg bleibt?"

Doch ein schwerer Verkehrsunfall beendete zwischenzeitlich das Leben dieses ehemaligen Forstschülers.

Abstrich

Wir Forstschüler rüsteten uns mal wieder zur erwarteten Heimfahrt übers Wochenende. Die einen saßen auf gepackten Koffern vor der Schule, da sie zum Zug auf dem hochgelegenen Bahnhof noch Zeit hatten. Die anderen machten auf der Terrasse ihre Motorräder für die Reise startklar.

Da stürzte plötzlich die gewichtige Schulsekretärin aus der Haustür und rief: „Keiner darf das Schulgelände verlassen. Im Kreis Rudolstadt ist die Ruhr ausgebrochen. Ein Krankenwagen ist zur Untersuchung aller Schüler und des Personals bereits nach hier unterwegs!"

So hieß es nun warten. Doch schon bald rollte ein „Sankra" des Deutschen Roten Kreuzes (DRK) den Berg zur Forstschule hoch. Zwei energisch wirkende Krankenschwestern wuchteten einen größeren Holzkasten aus dem Fahrzeug, der mit Paletten von Reagenzgläsern bestückt war. Im Befehlston ließ die Dame, die das Sagen hatte, zuerst alle männlichen Forstschüler auf der Terrasse mit dem Gesicht zum Motorradschuppen in einer Reihe antreten.

Die „Jawa", mein treues Feuerross

Nach dem Befehl: „Nach vorn beugen, alle Mann Hosen runter und entspannen!", wurden die beiden Medizinkräfte aktiv. In der linken Hand ein Reagenzglas haltend, führten sie mit der rechten ein längeres Wattestäbchen ins Weidloch eines jeden Patienten, drehten es mehrmals, bis sie von der Stuhlprobe überzeugt waren. Das Stäbchen wanderte ins Glas und der Namenszettel wurde nach kurzem Anhauchen oder Anlecken angeklebt. So ging es von Schüler zu Schüler wie auf einem Melkstand im Kuhstall. Es war ein Bild zum Schießen. Der groß gewachsene Günther M. hatte nicht mal seinen schweren Rucksack abgelegt. Im Vorbeugen schlug er seinen langen, grünen Lodenmantel über den dicken Beutel und streifte dann, auf Grund der langen Motorradfahrt bei dem kaltem Wetter, hintereinander mehrere Unterhosen gemächlich in die Kniekehlen. Unser Klassenprimus I. M. bekam noch einen Rüffel von der Schwester: „Nun beugen Sie sich doch endlich mal richtig nach vorn und entspannen Sie sich, sonst kann ich den Abstrich nicht machen!"

Darauf I.: „Bitte entschuldigen Sie. Ich bin doch so etwas nicht gewöhnt." Ein Dritter, Schorsch B. ließ einen „Wohlriechenden" fahren, als die schimpfende Schwester das Wattestäbchen einführte.

Diejenigen, die den Laden hinter sich hatten, feixten hämisch. Zum Schluss wurden die wenigen weiblichen Personen einzeln in einem Büroraum verarztet. Dann eilte man zum

Bahnhof oder knatterte mit dem Motorrad gen Heimat.

Als wir zum Wochenbeginn wieder in Schwarzburg eintrudelten, erfuhren wir als erstes eine Hiobsbotschaft. Das Fahrzeug des DRK war auf der Rückfahrt im Schwarzatal in einen Verkehrsunfall verwickelt worden, bei dem der Kasten mit unseren Proben zu Bruch gegangen war. Im Sekretariat teilte man uns mit, dass die gesamte Aktion mit hoher Wahrscheinlichkeit in den nächsten Tagen wiederholt werde. Wir wussten daraufhin nicht, ob wir lachen oder fluchen sollten.

In die Diskussion platzte ein Telefonat aus dem Krankenhaus von Bad Blankenburg, dessen Inhalt ich wort-wörtlich wiedergebe: „Alle Proben der Forstschulbesatzung waren auswertbar und negativ. So ist Schwarzburg von der ‚Scheißerei' verschont geblieben."

Überall lauern Gefahren!

Im „Dreck'schen Löffel"

Während meiner postgradualen Ausbildung zum „Meister der sozialistischen Jagdwirtschaft" an der Jagdschule Zollgrün von 1971 bis 1973 besuchten wir, wenn nichts anderes anlag, die Dorfkneipe im Ort Zollgrün. Das war damals eine Gaststätte, in der es recht rustikal zuging. Die meisten Besucher aus dem Dorf waren LPG-Bauern. In Arbeitssachen und Gummistiefeln, wie sie vom Feld oder aus dem Stall kamen, betraten sie nach Feierabend das Wirtshaus. Dort tranken sie ihr Bier, dazu als Kompott meist ihren Schnaps und unterhielten sich über das Neueste im Ort und der LPG. Die älteren Wirtsleute bedienten im gleichen Aufzug bis gegen 22 Uhr ihre Gäste.

Vor dem Heimweg schlenderten noch die meisten Männer über den Hof und verrichteten ihre Notdurft an die geteerte Pinkelwand. Nachdem auch wir Jagdschüler unser Bier getrunken hatten und auch manchmal eine Bockwurst dazu aßen, verließen wir gutgelaunt die weniger gastliche Stätte. Man musste schon ganz hübsch abgebrüht sein, um die hygienischen Unzulänglichkeiten in Kauf zu nehmen.

Die Meisterausbildung gliederte sich in halbjährlich stattfindende Vortragsveranstaltungen

Die Gebäude der Jagdschule Zollgrün

und zu Hause ins Selbststudium. So fiel 1972 der Himmelfahrtstag mit seiner Herrenpartie auf einen Maidonnerstag an der Jagdschule.

Vergnügt zog ein munterer Teil der meist schon älteren Schüler am frühen Abend in den „Dreck'schen Löffel", wie wir das Lokal liebevoll nannten. Die weiter oben liegenden Dörfer lagen im Grenzgebiet zu Bayern und waren deshalb für uns tabu. Glücklicherweise hatten wir unser Abendbrot schon an der Schule eingenommen. In der Kneipe gab es nichts mehr zu essen und nach einer guten Stunde ging dem Wirt auch noch das Bier aus. Er blubberte zu uns: „Das Einzige, was ich euch noch anbieten kann, sind zehn Flaschen Kräuterlikör."

Was blieb uns also weiter übrig, als eine Runde „Rhöntropfen" nach der anderen zu bestellen. Es entwickelte sich eine Bombenstimmung. Die Gäste lagen sich gegenseitig in den Armen und hauten sich die Taschen voll. Als dann gegen 23 Uhr der Vorrat aufgebraucht war, hatten wir alle von dem „Kommodenlack" ein mächtiges Luder in der Birne. Und so zogen wir auf der 3 km langen Eschenallee, Jägerlieder grölend, in Richtung Schule. Immer, wenn sich ein Auto näherte, suchten wir, wie eine Traube, Schutz hinter den gewaltigen Straßenbäumen, um nicht unter die Räder zu kommen. So zerrten wir uns gegenseitig bis zu unserer Unterkunft und sanken bald in einen todesähnlichen Schlaf.

Am nächsten Morgen brummte uns der „Nischel". Der Schulleiter Horst P. eröffnete in seinem norddeutschen Dialekt die erste Unterrichtsstunde mit der Bemerkung: „Na, meine Heeren, wohl noch etwas benommen von der Himmelfahrtspartie?"

Ich meldete mich und antwortete: „Nach dem vielen Kräuterschnaps aus der Dorfkneipe in Zollgrün habe ich einen Geschmack im Munde, als hätte ich gestern eine ganze Apotheke samt Inhalt gefressen!" Alles lachte und wir Jagdschüler konnten später keinen „Rhöntropfen" mehr riechen, geschweige denn, trinken.

Auch Jahre später, zu den jährlichen Arbeitsberatungen der Obersten Jagdbehörde Berlin mit den Jagdreferenten der Bezirke, die jeweils eine Woche im Frühjahr stattfanden, bummelten wir hin und wieder zur besagten Lokalität ins Dorf. Das Niveau hatte sich zwar etwas gebessert, aber berauschend war es trotzdem nicht.

Eines Abends saßen wir Jagdreferenten mit dem Juristen der Obersten Jagdbehörde Dr. Jochen M. und dessen Frau am Stammtisch in der Gaststube des „Löffels". Das angeregte Gespräch drehte sich um die Spitzentrophäen des Schalenwildes der DDR aus dem Vorjahr, da die Zentrale Trophäenschau auf der agra Leipzig-Markkleeberg bevorstand. Jochen unterhielt sich angeregt mit unserem Amtsbruder Lothar S. aus Karl Marx Stadt über die „Ewigen Achterhirsche" aus dem Bienenmühler Kessel.

Als dieses Thema ausgiebig behandelt war, ging's ans Witzeerzählen. Die Einheimischen beteiligten sich aktiv an der fröhlichen Runde. Besonders politische Witze, die, wie man schalkhaft sagte, im Zentralkomitee der SED erfunden wurden und im Staatsapparat durchzusetzen waren, lösten das größte Gelächter aus. Einzelne Mitstreiter, die darüber nicht lachen konnten, blieben diesen gemütlichen Runden auch meist fern.

Plötzlich rief einer meinen Spitznamen: „Felix, bist du krank, oder fällt dir heute kein Witz mehr ein!?" So griff ich erst mal in die verstaubte Kiste meines Gehirns und gab drei altbekannte Dinger über den berühmtesten sächsischen Steinkohlebergmann Adolf Hennecke zum Besten. Erst lauschten die Zuhörer andächtig und dann brach ein ohrenbetäubendes Gelächter aus. Mit dieser Resonanz hatte ich bei diesen abgegriffenen Calauern nicht gerechnet und sah ungläubig in die Runde. Als wir dann mal unser Bier abgießen gingen, meinte Lothar S. noch immer laut lachend zu mir: „Weißt du Unikum denn nicht, dass Jochens mit am Tisch sitzende Frau Christa, eine Tochter von unserem Helden der Arbeit, Adolf Hennecke, ist?" Jetzt war ich baff.

Aber die beiden Betroffenen hatten am meisten mitgelacht. Noch heute, bei den jährlichen Treffen von uns nunmehrigen Veteranen wird diese Episode immer wieder hervorgekramt und darüber gelacht.

Die Meister der sozialistischen Jagdwirtschaft 1973 auf dem Hof der Jagdschule (Verf. 6.v.l.)

Hochflieger

Auch in späterer Zeit ließen mich die Tauben nicht los. Schon einige Jahre Jäger, verheiratet und in Dresden-Hellerau wohnhaft, baute ich mir den alten Hühnerstall und das nicht mehr genutzte Bad von den Schwiegereltern zu Taubenschlägen um und setzte davor eine größere Voliere. Mein Interesse hatte sich von den Wirtschaftsrassen wie Strassern, Luchstauben und Coburger Lerchen über die zierlichen Nönnchen auf die Englischen Flugtippler verlegt. Bei dieser Rasse zählte weder Farbe, Zeichnung oder Körperform, sondern nur die Flugleistung in Stunden und Minuten. Mein Schwager Reiner aus der BRD schickte mir eine Broschüre, in der ich alles über den Flugtipplersport erfahren konnte. So züchtete ich nur noch diese Rasse und trainierte die Tiere ab Mai für die Mitsommerleistungsflüge.

Ziel war es, mindestens drei Alt- oder Jungtauben als Fluggemeinschaft ab Sonnenaufgang solange wie möglich in den Lüften am Himmel fliegen zu sehen. So schraubten sich die Flüge, die Sommerthermik nutzend, spiralförmig bis fast in die Wolken, so dass man sie fast nur noch wie Mücken flimmern sah. Fiel die erste Taube aus irgend einem Grund auf dem Anflugbrett des Heimatschlages ein, war der Flug beendet. Durch eine straffe Auslese wanderten Versager, die auf fremden Dächern landeten oder entkräftet den Flug verließen in den Fängen der Greife oder im Kochtopf.

Mein Zuchtpaar aus Reichenberg (Liberec, CSSR)

Nun gab es diesen Sport schon lange in England, Holland und in der Gegend um Hamburg. Erst Anfang der 70er Jahre fand sich eine Handvoll Verwegener in der DDR, die sich dafür interessierte. Dazu zählte auch ich mich. Was uns leider fehlte, waren Flugtippler aus Leistungszuchten, die es damals nur jenseits im Westen gab. Hin und wieder inserierten Taubenzüchter in der Geflügelzeitung des Verbandes der Kleingärtner, Siedler und Kleintierzüchter (VKSK) Englische Tippler, die aber mit den Flugtipplern nichts mehr gemein hatten und nur noch auf Schönheit gezüchtet waren. Trotzdem konnte ich Tiere erwerben, mit denen ich eine Zuchtgruppe aufbaute.

Lag der damalige Weltrekord bei fast 20 Stunden freiwilliger Flugzeit von 3 Uhr morgens bis nach 22 Uhr zur Sommersonnenwende, so freuten wir Anfänger uns über Flugzeiten von 5 bis 8 Stunden.

Nachdem der Flug mit 3 bis 10 Tauben gestartet, und die Locktaube, eine fast flugunfähige, weiße Pfautaube sicher eingesperrt war, lagen wir in aller Frühe auf der Wiese im Lehnstuhl und verfolgten unsere Tiere am Himmel. Je schöner das Wetter, je besser die Thermik und die Kondition der Tauben, um so höher und länger flog die Schar. Tauchte ein

Greifvogel auf, krochen sie eng zusammen und stiegen noch höher, dass man sie mit bloßem Auge nicht mehr sah. Merkte man, dass ihre Kräfte nachließen, ein Unwetter aufzog oder ein Falke den Flug gesprengt hatte, wurde die Pfautaube, der sogenannte Dropper, auf die Voliere gesetzt. Und wie auf Kommando fielen die Tiere vom Himmel und landeten auf dem Heimatschlag. Hier erwartete die hungrige Schar bestes Futter ausgewählter Sämereien.

Nun hatte unser Flugtipplerfreund M. aus Oberoderwitz/OL, von dem ich meine ersten Tiere erstanden hatte, ermittelt, dass es in Liberec (Reichenberg)/ CSSR einen Züchter gibt, der seinen Zuchtstamm von einem bekannten Hamburger Züchter erworben hatte. Währengd einer Urlaubsreise ins schöne Riesengebirge ließ ich es mir nicht nehmen, diesen Experten in der Mlinska (Mühlenstraße) aufzusuchen, seine Tauben fliegen zu sehen und mit ihm über unser Hobby zu fachsimpeln.

Treffen der „Flugtippler-Aktivisten" 1972 in Berlin (v. l.: Verf., Dr. Bollmann, Herzberg, Giesmann, Masla, Reiff)

Wie freute ich mich, als er mir ein junges Zuchtpaar sehr preiswert zum Kauf anbot. Wir steckten die beiden Tiere in je einen Kniestrumpf und mit dem Stoß zuerst in meine tschechischen Jagdgummistiefel, denn der Import von Tieren und Pflanzen war auch damals schon wegen der bürokratischen Hürden nahezu unmöglich. Aber man wusste sich ja schon zu helfen. Als der Grenzer in Schmilka in meinen Trabi-Kofferraum die verdreckten Stiefel sah, meinte er lakonisch: „Na, ja!, das Wetter war in diesem Sommer im Riesengebirge nicht besonders. Da haben Sie gut daran getan, ihre Gummibodden mitzunehmen. Gute Fahrt." Mir plumpste ein Stein vom Herzen und die Veterinärkontrolle fiel aus.

Aufregung vorm Start in luftige Höhen

Mit der Nachzucht dieser beiden blauen Spitzentiere wurde ich im Folgejahre mit 14 Stunden Flugzeit unter uns wenigen Flugtipplerfreunden „illegaler" DDR-Meister. Als später eine Mitgliedschaft im Geflügelverband obligatorisch wurde, was von mir zeitlich mit Beruf, Jagd und Familie nicht mehr zu stemmen war, habe ich den „Tipplersport" schweren Herzens an den Nagel gehängt.

Ein Schuss, ein Schrei!

Als ich Anfang der 1970er Jahre meinen Dienst bei der Bezirksjagdbehörde antrat, bewegte ein spektakulärer Fall die Gemüter. Im Zittauer Gebirge übte der Jäger Paul H. mit allen Fasern seines Lebens das Weidwerk aus. Er war bei seinen Mitjägern beliebt und geachtet.

Nun trieb in dieser Zeit ein bösartiger Brandstifter im Jagdgebiet an der tschechischen Grenze sein Unwesen. Eine Rotwildfütterung und zwei Jagdkanzeln hatte er bereits abgefackelt. Aber die Grenzer und auch die Jäger kamen dem Unhold nicht auf die Schliche. Erst als die Weidgenossen plötzlich Spuren und abgebrannte Streichhölzer auch an ihrer mit viel Mühe und Kosten errichteten Jagdhütte fanden, war Gefahr im Verzuge. So kontrollierte man verstärkt Waldwege, Jagdeinrichtungen und bewachte abwechselnd die Hütte.

Und siehe da! Paul H. hatte es sich gerade im Hinterhalt gemütlich gemacht, als er verdächtige Geräusche vernahm. Da schlich sich doch eine vermummte Gestalt aus der Fichtendickung und bewegte sich geduckt zur Jagdhütte. In der einen Hand einen Kanister und in der anderen einen starken Knüppel, kniete er sich unter die verschlossene Tür. Paul schlug das Herz bis zum Halse. Seine beim Jagdleiter ausgeliehene Schrotflinte im Anschlag, verfolgte er das Geschehen.

Als der vermutliche Brandstifter eine Streichholzschachtel zückte und den Kanister mit einem Zischen öffnete, donnerte ihn der Jäger an: „Halt!, Hände hoch!“ Der Täter erschrak, ließ Kanister und Streichhölzer fallen und flüchtete ins Dunkel des Fichtenwaldes. Paul schrie: „Stehen bleiben, oder ich schieße!“ Doch der Mann rannte weiter und verschwand

Der tschechische Weg zur Lausche, dem höchsten Berg Deutschlands – östlich der Elbe

in der Dickung. Da riss der Jäger seine Flinte an die Backe und sandte ihm eine ungezielte Schrotladung nach. Der Flüchtende schrie kurz: „Au!“ und verschwand mit lautem Gepolter im Dürrholz der Fichten.

Paul eilte sofort zu seinem Jagdleiter B. nach Waltersdorf und meldete ihm den Vorfall. Schnell verbreitete sich die Nachricht: „Der Jäger Paul H. hat den Feuerteufel erwischt und ihm eine Schrotladung auf den Arsch gebrannt.“ So hatten die dortigen Jäger gehofft, dass damit der Fall erledigt sei. Doch falsch gedacht! Auch jetzt begannen die Behördenmühlen zu mahlen. Als erstes musste Paul seine Jagderlaubnis abgeben. Und da er in Selbstjustiz die Waffe ohne Notwehr auf einen Menschen angewendet hatte, drohte ihm weiteres Ungemach.

So vergingen einige Wochen und auch wir von der Bezirksjagdbehörde warteten gespannt, was sich hier noch entwickeln mochte. Doch plötzlich trat eine Wende ein, die wir nicht vermutet hatten. Der Brandstifter, ein tschechischer Staatsbürger, hatte sich nach demVorfall in die Kleinstadt Varnsdorf zu einem Arzt begeben, da ihm wenige 2,5 mm Schrote in seinen Hintern doch erhebliche Schmerzen verursachten. Der Arzt entfernte die paar Bleikugeln und meldete pflichtbewusst die Schussverletzung der örtlichen Miliz. Die Polizisten fackelten nicht lange und verhafteten mit diesem Täter einen lange gesuchten Verbrecher, dem in der CSSR mehr als 200 Straftaten nachgewiesen wurden.

Wie man mir später berichtete, bestellte man Paul H., der nun das Schlimmste befürchtete, ins Innenministerium nach Berlin. Kreidebbleich soll er den Raum betreten haben. Dort war aber zu seinem Erstaunen eine festliche Kaffeetafel eingedeckt. Zwei hochrangige, tschechische Milizionäre nahmen den älteren Jäger in die Mitte und lobten ihn mit strahlenden Gesichtern in gebrochener, deutscher Sprache für seine beherzte Tat. Paul war fassungslos und brachte kein Wort heraus, als man ihm mit einem riesigen Präsentkorb, gefüllt mit böhmischen Spezialitäten, auszeichnete. Er konnte es kaum glauben, dass sich sein Schicksal so zum Guten gewendet hatte.

Am Folgetage brachte ihm ein Vertreter des Volkspolizeikreisamtes seine Jagderlaubnis auf dem „Silbernem Tablett“ in seine Wohnung. Paul H. jagte noch viele Jahre in den Wäldern des schönen Zittauer Gebirges rund um die Lausche, dem höchsten Berg Deutschlands, rechts der Elbe.

Waffennarren

Waffennarren haben oft etwas Gemeinsames. Sie prahlen mit ihren legalen aber auch manchmal illegalen Errungenschaften, die ihnen dann Ärger und Verdruss einbrachten. Da gab es in Ruppersdorf bei Löbau den Förster und Jäger O..

In den 1980er Jahren hatte ihn ein „guter" Freund wegen illegalen Schusswaffenbesitzes an die Volkspolizei verpfiffen. Bei der sofortigen Hausdurchsuchung fanden die Ordnungshüter einen alten 98er Militärkarabiner. Und das gab es ja nun überhaupt nicht. Gegen O. wurde ein Ermittlungsverfahren eingeleitet und schon bald saß O. beim Kreisgericht in Löbau vor seinem Richter.

Als Jagdreferent der Bezirksjagdbehörde erhielt ich den Auftrag, der Gerichtsverhandlung beizuwohnen. Alles hatte seine Ordnung. Nachdem der Staatsanwalt in einem ellenlangen Plädoyer die verwerfliche Tat des O. analysiert hatte, hockte der Waffennarr wie ein Häuflein Unglück auf der Anklagebank. Dann ergriff der Verteidiger, ein älterer, väterlicher Herr, das Wort. Er versuchte seinen Mandanten von seiner Tat rein zu waschen indem er sagte: „Hohes Gericht! Wegen des Besitzes eines solchen, alten und verrosteten Schießprügels bitte ich um Nachsicht und Freispruch."

Da sprang der Angeklagte von seinen Sitz auf und schrie: „Das ist eine unerhörte Frechheit, mir vernachlässigte Waffenpflege vorzuwerfen! In meiner langjährigen Militärdienstzeit habe ich gelernt und eingebläut bekommen, wie wichtig und notwendig die Pflege der anvertrauten Waffen ist! Der eingezogene Karabiner befindet sich in tadellosem Zustand."

Dem Verteidiger stand der Mund offen und das Gericht zog sich zur Beratung zurück. O. bekam 18 Monate ohne Bewährung aufgebrummt. Wegen guter Führung wurde er aber schon bald vorzeitig entlassen. Als ich ihn später mal im StFB Löbau traf, berichtete er mir voller Stolz: „Ich hatte im Vollzug eine sehr wichtige Funktion als leitender Sanitäter. Diese Tätigkeit hat mir schnell wieder zur Freiheit verholfen."

Ein allseits beliebter und passionierter Jäger aus dem Kreis Großenhain zählte zu den Personen, die bereits zu DDR-Zeiten einen Drilling ihr Eigen nennen konnten. Nach der Wende bei einer Familienfeier, zu der auch ich und meine Frau eingeladen waren, tauchte auch W., nunmehr als Verwandter der Gastgeber, auf. In vorgerückter Stunde bemerkte ich, wie er unter seinem Jackett an einer umgeschnallten Kurzwaffe hantierte.

Auf meine Frage nach der Feier unter vier Augen, warum er zu so einem Anlass bewaffnet erscheint, antwortete er freudig: „Diese 08 habe ich im 2.Weltkrieg geführt und über die Nachkriegszeit bis zu Wende versteckt und somit gerettet. Heute wollte ich sie euch Gästen nur mal zeigen. Habe es aber nach deinen kritischen Blicken dann gelassen." Ich wies ihn noch darauf hin, dass er die Waffe anmelden muss und nur zur Jagd und auf dem Schießstand fuhren darf. Er antwortete in seiner eigenen, freundlichen Art: „Mach dir darüber keine Sorgen. Das hat schon alles seine Ordnung." Und offenbar, sie hatte es!

Kurz nach der Wende 1991. Das Sächsische Landesjagdgesetz, das ich federführend mit bearbeitet hatte, war vor wenigen Tagen im Landtag verabschiedet worden. Da sprach in unserer Behelfsdienststelle im ehemaligen Staatlichen Forstwirtschaftsbetrieb Dresden ein kleiner rundlicher Bürger mittleren Alters vor. Ihn hatte man mit seinem Anliegen zu uns in die oberste Jagdbehörde geschickt. Mit „Grüß Gott" polterte er durch die Zimmertür und ließ sich völlig außer Atem schnaufend in einen Gästesessel fallen.

Nach geraumer Zeit legte er, in seinem für uns schwer verständlichem, bayrischem Dialekt los, den mir mein Mitarbeiter aber zügig ins Hochdeutsche übersetzten konnte: „Meine Herren, da habe ich mich endlich über die marode Autobahn von der alten Grenze bei Plauen bis hierher nach Dresden durchgekämpft. Nun habe ich eine Bitte. Ich will bei euch hier in Sachsen den Jagdschein machen. Was muss ich da tun? „Auf meine Frage, ob er denn in der Jagd bereits durch Familie oder Beruf vorbelastet sei, schüttelte er sein kahles Haupt. Daraufhin erläuterten wir ihm, dass für die Erteilung eines Jagdscheines eine bestandene Jägerprüfung Voraussetzung ist:

Der Traum eines jeden Waffennarren, ein Revolver von Smith & Wesson

„Nach einer entsprechenden Ausbildung beim Landesjagdverband oder an einer Jagdschule muss der Prüfling die anspruchsvolle Jägerprüfung in den Fächern Wildkunde, Jagdrecht, Waffenkunde, Wildhygiene, Jagdbetrieb, Jagdhundewesen, Naturschutz, Land- und Waldbau und nicht zuletzt im Jagdlichen Schießen bei der unteren Jagdbehörde ablegen und bestehen. Man nennt diese Prüfung nicht umsonst das ‚Grüne Abitur'."

Der Gast riss seine Augen auf und sprach erblassend: „Naa, dan Schmarrn heer ich mer von eich nit länger ah. Mei Intresse gilt anzig und allan dan Kaaf von Gewehrn und Pistoln. Wenn dos hier in dan Falle nur als Jager gieht, muss ichs aben noa mal bei uns in Bayern bein Schitzenbunde vorsuchn!"

Er erhob sich schwerfällig, stülpte sich seinen Filzhias, mit dem doppelt hohen Gamsbart, auf seine Platte und verschwand wie ein Kugelblitz mit einem „Servus" durch die Tür.

Da fällt mir noch eine Begebenheit aus meiner Schulzeit Frühjahr 1953 ein. Ich ging in die 6. Klasse der Grundschule in Helmsdorf. Schrott- und Altstoffsammlung zur Unterstützung der Volkswirtschaft waren angesagt. Für alle Sammelprodukte gab es Punkte. Dem besten Einzelsammler winkte als Preis ein Fotoapparat vom Typ „Perfekta" im Wert von 25 Mark. Nun wollte natürlich jeder, von der 5. bis zur 8. Klasse, der Beste werden. Es dauerte auch nicht lange, und der halbe Schulhof war voll von Eisenschrott. In den umliegenden Wäldern lag noch vieles Kriegsmaterial der Infanterie. So schleppten wir an den Nachmittagen total verrostete Karabiner, Maschinenpistolen (die Holzschäfte waren abgefault), Munitionskisten, Teile von Sturmgeschützen, Felgen von Kanonenrädern, Seitengewehre und jede Menge alte Stahlhelme auf den Schulhof. Doch der größte Teil des Schrotts waren verrottete Landmaschinen und andere Eisenteile von den Bauern und Handwerkern.

Wir Jungen, die sich täglich in den Wäldern und Feldern herumtrieben, kämpften um den Spitzenplatz. Eines schönen Tages lungerten wir in der Großen Pause auf dem Schulhof herum und wussten mit uns nichts Rechtes anzufangen. Da griff sich einer einen Stahlhelm, setzte ihn auf seinen Blondschopf, nahm den Rest eines Gewehrs in die Hand und rief: „Hurra"! Im Nu rannten wir, das halbe Dutzend „Waffennarren", zum Schrottplatz und rüsteten uns genau so aus. Danach jagten wir „Rotzjungen" uns lauthals auf dem Schulhof herum und sangen lauthals:

„Eisen, Lumpen Knochen und Papier
Ausgeschlagne Zähne sammeln wir.
Eisen, Lumpen, Knochen und Papier
Alles sammeln wir!"

Plötzlich öffnete sich in der 1. Etage das Lehrerzimmerfenster und der weiß bekittelte Schulleiter O. schrie herunter: „Sofort aufhören, ihr wollt wohl einen neuen Krieg!? Das hat Folgen." Bedeppert schwiegen wir, schmissen die Rostprügel und Stahlhelme auf den Schrotthaufen zurück und stellten uns gemeinsam einem derben Anschiss.

Schlussfolgernd spendeten wir unsere bis dahin gesammelten Schrottpunkte dem Waisenjungen M., der seine beide Eltern verloren hatte. Er freute sich riesig über den neuen Fotoapparat und wir zogen die Lehren aus unserem „bewaffneten" Fehlverhalten.

„Ossi"

Am Valtenberg, im westlichen Teil der Oberlausitz, entspringt die Wesenitz. Sie sucht sich ihren Weg über Bischofswerda, vorbei an Stolpen, durch den Klamm bei Lohmen und mündet schließlich bei Pirna in die Elbe. Nun fließt sie auch, durch die Mühlenwehre beruhigt, mehr oder weniger langsam, durch Helmsdorf, dem Ort meiner Schulzeit.

Der Oberangler Oswald P., genannt „Ossi", wachte sorgsam über seine Hechte, Karpfen, Schleie, Döbel und Rotfedern, die den Fluss in reichlicher Zahl besiedelten. Wir Lausejungen, die in den Sommermonaten in der Zinkbadewanne durch seine ausgelegten Angelruten paddelten, waren ihm oft ein Dorn im Auge. Da warf er schon mal mit dem Hechtblinker gezielt nach uns. Aber noch schlimmer tobte er, als ich und mein Freund Rainer M. mit dem selbst geschliffenen Dreizack im stillen Ablauf hinter den Sägewerksturbinen einen 70 cm langen Hecht gespießt und uns im Kartoffelkrautfeuer auf dem Felde gebraten hatten. Ein neidischer Mitschüler hatte uns bei Ossi angeschwärzt. Glücklicherweise sah der Angler, nach der ersten Drohung mit 100 Mark Strafe, von einer Anzeige ab.

Viele Jahre später ereilte Ossi im Oberdorf ein schlimmer Motorradunfall, der ihm die Amputation eines Unterschenkels einbrachte. Trotzdem wurde er jetzt Jäger, führte Deutsche Jagdterrier und war ein begeisterte Jagdhornbläser. Als versierter Holzhandwerker schuf er begehrte Souvenirs. Er war und ist noch heute bei allen Mitjägern sehr beliebt. Unsere Jugendsünden an der Wesenitz hat er uns längst verziehen und lacht heute darüber.

Burgstadt Stolpen heute, das Zentrum meiner ehemaligen Jagdgesellschaft damals

Die Massenei, ein Waldgebiet linker Hand der B6 in Richtung Bautzen, gehörte bis Mitte der 1970er Jahre zu meiner Jagdgesellschaft Stolpen. Jährlich einmal lud der damalige Jagdleiter und Revierförster Alfred W. zur Gesellschaftsjagd auf Schwarzwild, das dort schon reichlich vorkam, ein.

Die Weidmänner standen auf einer, dem Walde vorgelagerten Wiese und lauschten den Ausführungen des Jagdleiters. Ossi stand mit seinem Jagdterrier, auf seinen Sitzstock gestützt, neben mir, als mein DW-Rüde Cliff an Ossis „Holzbein“ schnüffelte. Plötzlich hob der Hund seinen Hinterlauf und nässte ihm unters Knie. Die gelbe Brühe, die sich scheinbar in Cliffs Blase die halbe Nacht gestaut hatte, rann dem Jäger in den Gummistiefel, ohne das er etwas merkte. Ein hinter uns stehender Treiber sah das Malheur und krümmte sich vor Lachen. Als Ossi nach unten sah und den Grund des Humors mitbekam, hob er den Arm und schlug mit der Faust nach Cliff. Er traf aber mich sehr schmerzhaft am Handrücken, just in dem Moment, als ich den Hund am Halsband von Ossis Bein wegriss. Danach schlurkste er in seinem gefüllten Stiefel zur Seite, setzte sich auf seinen Sitzstock und schüttete den warmen Inhalt ins Gras.

Ossi jagte im Polenztal nahe Neustadt/Sa. Als er wieder einen seiner DJT auf der Hasenspur ausbildete, bemerkte er in der Nähe einer im Felde stehenden Eiche, eine sich drückende, verwilderte Hauskatze. Der Jäger schnallte seinen Hund und dachte sich: „Jetzt kannst du dir hier auch gleich noch den Härtenachweis holen!“

Der Terrier fand nach kurzer Zeit die Katze. Aber anstatt sich zu stellen, oder auf den Baum zu flüchten, sah der Kater in Ossi seine Rettung. Er raste auf ihn zu und sprang vor dem Hund am Jäger hoch. Der Jagdhut flog davon und die Katze verkrallte sich in Ossis Haarschopf. Nun sprang auch noch sein Hund laut bellend an ihm hoch, was das ganze Unglück noch verschärfte. Blutüberströmt am Kopf konnte sich der Zerkratzte von dem Raubtier befreien und es noch mit einem gezielten Schrotschuss erlegen.

Die Tollwutuntersuchung der Katze verlief negativ. Diese „Härteprüfung“ für Mensch und Tier machte wie ein Lauffeuer die Runde.

Der Gewitterhirsch

Zu seinem letzten, runden Geburtstag bekam unser Jagdmaler Erik Mailick aus Moritzburg für sein Schaffen und als verdienter Weidmann von der Bezirksjagdbehörde Dresden einen Rothirsch der Güteklasse I frei. Seinem Wunsche entsprechend, wiesen wir ihn ins osterzgebirgische Jagdgebiet Seyde zum Jagdleiter, dem exzellenten Rotwildkenner Felix F., ein. Ich freute mich auf den dienstlichen Auftrag, Erik, den ich seit vielen Jahren kannte, zu diesem Ereignis begleiten zu dürfen

Das nunmehr an seiner ehemaligen Wirkungsstätte, dem Waldatelier, verwitterte Hirschgeweih aus Rehefeld

Die Rotwildbrunft, die in den oberen Lagen des Osterzgebirges immer etwas später begann, rückte näher. Hier unten, in den Heidegebieten, schrie längst kein Hirsch mehr. In der ersten Oktoberwoche ging's dann ins Gebirge zum Abendansitz. Erik hatte sich in Rehefeld einquartiert. Nach einem schwülen Nachmittag holten Felix und ich ihn dort ab, und wir fuhren ins Jagdgebiet. Der Ansitzort lag südlich der Rehefelder Straße nahe der tschechischen Grenze. Felix bezog mit dem Jagdgast eine offene Kanzel. Mich schickte der Jagdleiter auf dem Grasweg 200m weiter zu einer sehr hohen Ansitzleiter und rief mir noch nach: „Sollte bei dir ein schwacher Abschusshirsch oder Kahlwild kommen, so fackle nicht lange. Sei aber vorsichtig und ziele hoch Blatt, denn die Landesgrenze ist nicht weit. Verlasse aber den Hochsitz nicht eher, bis ich dich abhole!" Mit einer Rotwildfreigabe hatte ich nicht gerechnet, denn alle Aktivitäten waren auf den Jagderfolg von Erik gerichtet. So bezog ich die hohe Leiter, machte es mir bequem, legte den geladenen Drilling übers Geländer und ließ mich vom leichten böhmischen Wind besäuseln.

Als es plötzlich doch stark dunkelte, Ursache war eine vom Südenwesten aufziehende Gewitterfront, dachte ich erstaunt, dass so etwas für Anfang Oktober doch recht selten ist. Verhalten meldete im gleichen Moment ein Hirsch aus der Richtung, in der die beiden Jäger saßen. Jetzt klatschten einzelne, schwere Regentropfen durch das lichte Kronendach der vom Rauch geschädigten Fichten auf den Waldboden. Blitze zuckten in weiterer Entfernung am Himmel und das Gewitter grummelte vor sich hin.

Just, als ein lauter Donnerschlag ertönte, fiel „Ratsch-Bumm" ein Büchsenschuss mit deutlichem Kugelschlag. Und schon war das Gewitter, genau so schnell, wie es gekommen war, verschwunden. Die Sonne sah ich noch, wie sie sich hinter der gespenstischen Kulisse der stehen gebliebenen Rauchschadensgerippe verabschiedete. Ich lauschte nun angestrengt den schmalen Waldweg entlang. Da tauchte auch schon der Jagdleiter Felix in der Kurve auf und rief mir von weitem zu: „Hirsch tot!" Ich entlud die Waffe, stieg vom Hochsitz und gemächlich trotteten wir zum Erleger. Erik kniete andächtig an seinem alten hochstangigen Zwölfender und „betastete" mit Augen und Händen das starke Geweih.

Sichtlich gerührt bedankte sich Erik bei uns beiden Förstern für unser freudiges: „Weidmanns Heil"! Nach eingehender Begutachtung verbliesen Felix und ich den gestreckten Recken. Das -Hirsch tot- hallte über das Tal der Wilden Weißeritz. Erik ließ es sich nicht nehmen, trotz seines schon betagten Alters, den Hirsch selbst aufzubrechen. Trotzdem halfen wir ihm dabei gern. Bevor wir bei völliger Dunkelheit den Hirsch verließen, verblendeten wir ihn mit Eriks abgeschossener Patrone und seinem Lodenmantel. Wir fuhren in seine Unterkunft nach Rehefeld. Bis gegen Mitternacht tranken wir den Hirsch mit einem guten Rotwein tot. Erik und Felix resümierten noch mal das Erlebnis der Erlegung und den sauberen Blattschuss. Ich verabschiedete mich dann nach Dresden und auch Felix fuhr ins benachbarte Seyde nach Hause.

Nach einer kurzen Nachtruhe begab sich Erik am frühen Morgen mit Palette, Farbe und Pinsel zum Erlegungsort und malte seinen Hirsch für sich und die Nachwelt.

Mutig in Ungnade

Prof. Dr. Johannes H. war ein begnadeter, weltweit bekannter Chirurg, Orthopäde und ein hochpassionierter Jäger vor dem Herrn. Auf den Entenjagden in der Nieder Heide lernte ich ihn kennen und schätzen. Ohne jegliche Allüren, die in diesen Kreisen ab und an vorkommen, war er sich für keine noch so niederen Tätigkeiten, die in der Jagd so anfallen, zu schade. Er gehörte zu uns wie jeder andere Weidmann. In geselliger Runde erzählte er einmal, wie er bei der Gamsjagd in Österreich, den ihn führenden Berufsjäger total verblüffte. Er, der bekannte Professor, brach seinen erlegten Gamsbock selbst auf und trug ihn auf seinen Schultern bis zur Jagdhütte ins Tal. Das gehörte bei ihm zur Jagd dazu und gab dem Erlebnis die nötige Würze. So konnten viele den Hut vor ihm ziehen. Er erhielt ungezählte Jagdeinladungen, die er auf Grund seiner leitenden Tätigkeit in der Medizinischen Akademie Dresden, aber nur beschränkt wahrnehmen konnte. Beliebt und geachtet half er vielen Jägern, die Unfälle erlitten hatten oder bei denen das Knochengerüst, aus welchen Gründen auch immer, nicht mehr so richtig mitmachen wollte. Gemeinsame Interessen, wie auch die Jagd in der Kunst, verbanden uns. Wir führten lange Gespräche über die sächsische Jagdkultur und zu Gemälden von E. Mailick, R. Poortfliet und den bekannten, früheren Jagd- und Wildmalern R. Friese, Löbenberg, Wagner und anderen.

Aber auch damals aktuelle Themen, die das Gesundheitswesen in der DDR betrafen, beschäftigten Hans, wie ihn seine Freunde zu nennen hatten, sehr. Mittelmaß und Schlamperei waren ihm verhasst. Mein Kollege Hans-Jörg V., dem Hans nach einem „Pfusch", wie er sich auszudrücken pflegte, sein Knie wieder in Ordnung gebracht hatte, erzählte mir danach: „Bei einer Visite donnerte der Professor einen Oberarzt zusammen der bei einem Patienten etwas übersehen hatte: ‚Noch einen solchen Fehler und Sie können in der Felsenkeller-Brauerei Flaschen spülen gehen!' Den anderen Patienten blieben Augen und Mund offen stehen."

Wie hart er aber gegen sich selbst war, berichtete er mir nach einer Jagd: „Ich komme mit meinem Trabant-Kübel (Stoffhund) von der Hirschbrunft bei Ulli R. aus Perleberg, bei der ich 2 jagdbare Hirsche strecken konnte. In der Nähe von Ortrand dreht es mich plötzlich, scheinbar war ich übermüdet, von der Autobahn. Ich fliege in hohem Bogen aus der Karre und lande auf den Acker. Als ich mich aufgerappelt hatte, merkte ich, wie mir das Blut vom Kopfe rann. Ein Planenbügel hatte mir die Kopfhaut quer über die „Birne" aufgerissen und nach hinten geklappt. Mit der einen Hand zog ich meinen Skalp wieder nach vorn und mit der anderen presste ich ihn an meinen Schädel, bis der Krankenwagen eintraf. Nach knapp drei Wochen stand ich wieder am Operationstisch."

Eines Sonnabends, es war im Sommer 1986, klingelte es an meiner Haustür. Draußen stand Hans mit rot entzündeten Augen und sprach: „Ich habe etwas ganz Wichtiges mit dir zu besprechen und danach um deine Meinung zu bitten." Er nahm in meinem Jagdzimmer Platz, ließ seinen Blick über meine Trophäen schweifen und wunderte sich, das nur ein Rehbock

Barockschloss Moritzburg im Winter

Medaillenträger war. Ich entgegnete ihm, dass ich bei der Jagd das Hauptaugenmerk nicht auf Medaillen lege. Er nickte anerkennend. Dann bat er meine Frau, einen starken Kaffee zu kochen und ihm Augentropfen zu besorgen. Als der Kaffee dampfend auf dem Tisch stand, und er sich mehrere Pipetten der Medizin von der betagten Nachbarin, in seine Lichter geträufelt hatte, kam er zum Anliegen seines Besuches:

„Entschuldigt bitte, ich habe die ganze Nacht eine Schülerin operiert, die sich auf der Trainingsrodelbahn in Oberhof einen Halswirbel gebrochen hat. Durch den Mund habe ich die Knochensplitter entfernt und hoffe nun, dass die Lähmung des gesamten Körpers ab jetzt zurückgeht." Hans trank die erste Tasse Kaffee in einem Zuge aus, nahm nochmals Augentropfen und zog zwei zusammengefaltete Briefbogen aus seiner Brusttasche. Er forderte mich auf, das Schreiben zu lesen, welches an den Generalsekretär der SED und Vorsitzenden des Staatsrates der DDR, E.H., gerichtet war.

Im Inhalt bemängelte Hans, als absoluter Insider, die katastrophalen Zustände im Gesundheitswesen der DDR, forderte die sofortige Ablösung des Gesundheitsministers M. und schlug eine umfassende Privatisierung vor, um das Gesundheitswesen der DDR von den teuren, westlichen Importen, wie z.B. der künstlichen Hüftgelenke, unabhängig zu machen. Da zu diesem Zeitpunkt die Perestroika des „Großen Bruders" in der DDR Fuß gefasst hatte, nahm der Professor an, dass er mit seinem Brief auch auf seinem Fachgebiet einen wichtigen Anstoß geben kann.

Ich meldete zweifelnd meine Bedenken an und äußerte: „Ich würde mir das nicht trauen und hätte Angst vor einer Retourkutsche mit ungeahnten Folgen. Aber du, mit deinem internationalen Bekanntheitsgrad, hast vielleicht für dich und deine Familie nichts zu befürchten? Überschlafe aber diesen Schritt noch mal, bevor du einen gravierenden Fehler begehst!" Und Hans schickte trotzdem den Brief ab, so, wie er ihn aufgesetzt hatte. Das Schlimmste der Befürchtungen trat ein. Ihm wurde auf Befehl von ganz oben sofort fristlos gekündigt. Er durfte, als er früh zum Dienst kam, nur noch unter Aufsicht seinen Schreibtisch aufschließen und seine persönlichen Sachen einpacken. Im Ergebnis des Rauswurfes stellte er kurze Zeit später einen Ausreiseantrag in die BRD. Die Funktionäre, die er geheilt hatte und die, die ihm vorher in den A. gekrochen waren, kannten ihn von heute auf morgen nicht mehr.

Der Jagdmaler Erik Mailick feierte 1987 seinen 80. Geburtstag. Im Monströsensaal des Jagdschlosses Moritzburg, in dem auch der legendäre 66-Ender hängt, empfing der Künstler und Jäger seine Gäste. Nach der Würdigung des Lebenswerkes des Jubilars frönten seine Gratulanten einer zwanglosen Unterhaltung. Da entdeckte ich an einem Ecktisch Hans H., der sich mit ausgelegten Skizzen aus Eriks Schaffen beschäftigte. Ich steuerte auf ihn zu und wir begrüßten uns wie eh und je. Etwas traurig sprach er: „Du bist der Erste und der Einzige, der mich von der Förster- und Jägergilde, heute und hier, mit Handschlag begrüßt.

Deine Vorgesetzten wollen oder dürfen mich nicht mehr kennen und schleichen sich, auf von mir operierten Gelenken und Bandscheiben, an meiner Person vorbei!“ Auf meine Frage, wie es dem Mädel aus Oberhof geht, leuchtete sein Antlitz auf: „Der geht‘s wieder gut und sie treibt auch schon wieder ihren geliebten Rodelsport.“ Nach seiner Ausreise in den Westen hörte ich leider nichts mehr von ihm. Der Professor soll sich in München niedergelassen haben.

Der Kampf ums Überleben

Rebhühner in Kopie

Ab 1990, es galt noch DDR-Jagdrecht, durften sich nun auch alle Noch-DDR-Jäger eigene Jagdwaffen kaufen. Die volks- und gesellschaftseigen Flinten und Kugelbüchsen wechselten, nach Wertfeststellung durch festgelegte Büchsenmacher, sehr schnell ihre Eigentümer. Die Leiter der Jagdwaffenstützpunkte waren angehalten, die Verkäufe noch vor der Währungsunion in „Ostmark“, also günstig für unsere Jäger, abzuwickeln. Nun reichten natürlich, besonders die Kugelwaffen, hinten und vorn nicht aus und es kam zwischen einzelnen Jägern zu Streitigkeiten und üblen Szenen um einzelne Waffen. Dieser Umstand sprach sich schnell bei der zunehmenden Gästeschar aus dem Westen herum. Und so nahmen oft unredliche Tauschgeschäfte ihren Anfang. Ich habe Jagdleiter, die bis zum Inkrafttreten des Sächsischen Landesjagdgesetzes im Mai 1991 noch das Sagen hatten, kennengelernt, die den Abschuss von starken Trophäenträgern unserer heimischen Schalenwildarten gegen ausgeschossene Schießprügel jugoslawischer und tschechoslowakischer Herkunft eintauschten, als wären sie die Eigentümer des Wildes.

Kleinkalibergewehre, die zu Übungszwecken und zur Raubwildbejagung bei den Jagdleitern standen, fanden dagegen kaum Abnehmer. Die lagen auch später noch längere Zeit bei den Büchsenmachern herum. Auch ich hatte in meinem Stützpunkt noch ein KK 110, Kal. 22 longrifle stehen, für das sich niemand interessierte. Der Büchsenmacher S. aus Kreischa hatte diese Waffe mit 150 Mark getaxt.

Erik Mailick vor dem Rebhuhnbild

Eines Tages, Ende Juni 90, rief mich mein Freund, der Jagdmaler Erik M. aus Moritzburg, mit folgenden Worten an: „ Sag mal, du alter Stratege, der du dich doch überall auskennst, ich als passionierter Raubwildjäger, suche ein Kleinkalibergewehr 110, wie sie früher die GST für ihre Schießausbildung hatte!" Freudig antwortete ich ihm: „Da kann ich dir helfen und darauf kannst du einen ausgeben. Bei mir im Waffenschrank der Bezirksjagdbehörde steht noch so ein Knallstock, aber ohne Zielfernrohr. Das Ding kostet 150 Mark. Du kannst mir aber auch ein Bild dafür malen. Den Restbetrag zahle ich selbstverständlich drauf." Erik erwiderte lachend: „Bringe das KK heute Abend zu mir und dann werden wir schon handelseinig."

Ich fuhr nach dem Dienst zu ihm, sein Jagdterrier begrüßte mich lauthals und Erik griff sich sogleich das Gewehrchen. Zufrieden nickte er, reichte mir die Hand und sprach: „Abgemacht, und was soll ich dir malen?"

Da ich nun schon vier Bilder von ihm besaß und viele seiner Werke von Ausstellungen und aus seinem Fundus kannte, fiel mir der Wunsch nicht schwer. Noch stand auch nicht fest, wie viel Ost- gegen Westgeld im Juli eingetauscht werden konnte. So ein Mailick-Bild schien auch eine gute Geldanlage zu sein. Schon seit langem faszinierte mich sein Ölgemälde „Rebhühner am Feldrain". Da man diese Hühnervögel in der freien Wildbahn kaum mehr fand, bat ich ihn: „Male mir, wenn du einverstanden bist, eine Kopie der ‚Rebhühner' und nenne mir den Preis, wenn es fertig ist." Ich verabschiedete mich und Erik rief mir nach: „Lass mal in 14 Tagen was von dir hören!" Am Folgetage zahlte ich den Schätzbetrag des Sachverständigen in der Kasse ein. Nach einer reichlichen Woche rief Erik an: „Dein Bild ist fertig, du kannst es abholen, einen Rahmen musst du dir aber selbst besorgen!"

In freudiger Erwartung ging's am späten Nachmittag nach Moritzburg. Erik werkelte in seinem Grundstück und führte mich dann in sein Atelier. Auf der Staffelei stand mein Bild. Ich war so gerührt, dass mir die Worte fehlten und das bedeutet schon was, bei meiner bekannten Beredsamkeit.

Erik berichtete mir, dass er bereits zwei Jungfüchse und eine verwilderte Katze mit dem KK erlegt habe. So verging die Zeit. Wir besprachen dieses und jenes. Als ich ihn dann um den Restpreis für das Bild fragte, antwortete er lachend:

„Den Restbetrag für dein Bild haben mir vor drei Jahren die Gratulanten zu Honeckers 75. Geburtstag mitbezahlt. Du musstest doch damals das große Bild ‚Einfallende Wildgänse' bei mir abholen und nach Berlin zum Landwirtschaftsminister bringen, wo man dir im Vorzimmer für den Transport nicht mal eine Tasse Kaffee angeboten hatte. Mein geplantes Honorar hatte ich damals, auf dein Anraten hin, verdoppelt!"

Jetzt erinnerte ich mich an diese Episode, zog trotzdem einen Briefumschlag mit 6 größeren Geldscheinen aus der Kollegmappe und legte sie ihm auf den Tisch. Erik befahl mir ernst werdend: „Ohne Widerrede, stecke das Geld ein, oder das Bild bleibt hier!" Dann schob er mich durch die Tür nach draußen und legte das Gemälde auf die Rücksitzbank meines Trabis. So besitze ich eines seiner letzten Werke, signiert im Juli 1990. Immer, wenn ich mir in einer Mußestunde das Kunstwerk betrachte, denke ich an meinen Natur- und Tierfreund, Jäger und Jagdhundeführer, den begnadeten Maler: Erik Mailick .

Die „Kroli-Hütte“

Ab 1971 hatte ich mit der Übernahme meiner Tätigkeit bei der Bezirksjagdbehörde Dresden die Jagdhütte am südlichen Rand der Laußnitzer Heide zwischen Ottendorf-Okrilla und Lomnitz zu verwalten. Die, für die damalige Zeit, doch recht komfortable Hütte, hatte man 1968 für den höchsten Parteifunktionär Dresdens, der in der Heide jagte, vom Staatlichen Forstwirtschaftsbetrieb Kamenz aus bezirklichen Mitteln bauen und einrichten lassen.

Seitdem trug sie den Namen „Kroli-Hütte“, den sie in gewissen Kreisen auch noch heute trägt. Der hohe Genosse, der später nach Berlin berufen wurde, hat sie in meiner Zeit nicht ein einziges Mal genutzt. Zwar gab es elektrischen Strom über ein Trafo-Häuschen von der Ortsverbindungsstraße zur Hütte, das extra dafür gebaut wurde. Aber der vom VEB Brunnenbau Wilschdorf gegrabene Brunnen brachte, trotz einer Flintenfreigabe für seinen jagenden Leiter K., kein brauchbares Trinkwasser aus der Pumpe. Auch der „Luxus“, den dieser Personenkreis gewohnt war, fehlte hier. So nutzten wir die Jagdhütte zur Unterbringung bescheidener Jagdgäste, zu Aktivberatungen des Bezirksjagdbeirates, zur Ausarbeitung von Jägerprüfungsfragen und zu kleineren Betriebsfeiern.

Kaffeetrinken mit lieben Kollegen vor der Hütte (v.l.: Verf., Rosi und Fritz M., mein damaliger Chef)

Zwei langjährige Freunde in „Krolis" weiten Jagdhosen beim Hüttenfasching (v.l.: Verf., Rosi, Dieter M.)

Mitte der 70er Jahre hatte dann plötzlich der Feriendienst des Rates des Bezirkes die Jagdhütte für sich entdeckt. Ich musste jetzt schweren Herzens diese Unterkunft, die nun als Austauschobjekt für Urlauber aus dem Bezirk Rostock dienen sollte, an den Leiter des Feriendienstes übergeben. Da ich aber als ehrenamtliches Mitglied der Ferienkommission für die Instandhaltung der mobilen Objekte mitverantwortlich war, durfte ich „meine" Hütte weiterhin betreuen und gelegentlich auch nutzen.

Im folgenden Sommer drehte die DEFA in der näheren Umgebung Teile eines Filmes aus dem 2. Weltkrieg. Dazu hatten die Filmleute einen Frontabschnitt mit Bunkern, Schützengräben, Kanonen und Maschinengewehren unmittelbar vor der Jagdhütte am Waldrand aufgebaut. Als der Trubel beendet, und der ganze Stab wieder abgerückt war, stellte der damalige Oberförster Hans K. fest, dass Tor und Eingangstür aufgebrochen waren. Mein Chef und ich wurden zum Tatort gerufen und durch die Kripo einer hochnotpeinlichen Befragung unterzogen, als wären wir die Einbrecher gewesen. Wie später ermittelt, wurde das Diebesgut: der Schwarz-Weiß-Fernseher, das Radio, der Besteckkasten samt Aluminiuminhalt und 6 Federbetten mit Kopfkissen gestohlen und in einem B1000-Kleinbus abtransportiert. Aufgeklärt wurde der Fall aber nie.

Nun vergingen Jahre. Es wurde nachgerüstet, für die Urlauber der Sanitärtrakt verbessert, Fahrräder und Trinkwasserkanister angeschafft, Birkenmöbel für die Terrasse gekauft und die Fußböden mit Auslegeware bedeckt. Die Heizung erfolgte mit elektrischen Bahnheizkörpern, die für eine satte jährliche Stromabrechnung sorgten. So wurde die Hütte in den Wintermonaten auch nur sporadisch genutzt. Zwischenzeitlich leitete den Feriendienst der ehemalige Kaderleiter M., der sich außerhalb der Saison öfter in der Jagdhütte einquartierte und von hier aus seine beliebten Heidewanderungen unternahm.

Da dachte ich mir: „Da wirst es auch du mal versuchen, mit deinen Freunden da draußen den Jahreswechsel zu feiern." Silvester 1978 herrschte noch warmes Wetter, als wir, 5 Ehepaare, am Nachmittag zur Hütte aufbrachen. Mit dem Dunkelwerden setzte Schneefall ein und es wurde spürbar kälter.

In der Hütte angekommen, beräumten wir die Weihnachtshinterlassenschaften von M., steckten alle Heizkörper an und bereiteten das Abendbrot vor. Alle Anwesenden freuten sich auf eine schöne Feier. Es herrschte bereits eine ausgelassene Stimmung, als ich gegen 18Uhr vor die Hütte trat. Ich holte aus dem nahen Bach Waschwasser, da die Pumpe vorsorglich entleert war. Der Schneefall wurde dichter, man konnte kaum noch 10m weit sehen und das Thermometer zeigte bereits minus 10 Grad an. So verging die Zeit wie im Fluge und unsere Stimmung strebte dem Höhepunkt zu.

Fünf Minuten vor Neujahr traten wir vor die Hütte, ließen 3 Raketen von der Wiese aus in den Nachthimmel steigen und stießen mit Sekt auf das Jahr 1979 an. Dabei wunderten wir uns, dass in Richtung Dresden und auch über Ottendorf-Okrilla alles im Dunkeln lag. Nur einzelne Feuerwerkskörper erhellten für kurze Zeit den Horizont. „Ob die denn zu Hause kein Licht haben?", fragte sich unser dort wohnender Freund Dieter. Wir ließen es dabei bewenden, denn wir hatten eine warme und helle Unterkunft. So feierten wir bis in die Morgenstunden. Als ich nachts mal raus musste, verschlug mir die Kälte den Atem. Die Nasenlöcher klebten zusammen und die Temperatur war auf 22 Grad unter Null gesunken.

Am Neujahresmorgen hatte der Wind aufgefrischt und den Weg bis zur Straße völlig zugeweht. Beim Freischaufeln wurde uns trotz der eisigen Kälte ordentlich warm und der Restalkohol war schnell verflogen. Gegen Mittag sprang keiner unserer Trabis an. Glücklicherweise konnte uns „Ekki" U. mit seinem Skoda alle anschleppen.

Bei Wolfgangs PKW, den er in Hellerau auf dem Marktplatz abgestellt hatte, bemerkte der erst zu Hause, nachdem sich seine Karin fast die Füße erfroren hatte, dass der Kühler geplatzt war und somit die Heizung streikte. Zu Hause angekommen, erfuhren wir, dass infolge des strengen, unerwarteten Wintereinbruchs das Kraftwerk Boxberg in der Lausitz ausgefallen war und der Strom in den Städten und Dörfern der Region abgeschaltet wurde. Das Trafohäuschen auch abzuklemmen, daran hatte wohl keiner gedacht. So überstanden wir glücklich den Jahreswechsel bei Licht und Wärme.

Wieder im Dienst, bestellte mich der Leiter des Feriendienstes, der ja, wie gesagt, das Weihnachtsfest auch in der Hütte gefeiert hatte, mit einer derben Reformante zu sich: „Wie konntest du es wagen, mit deinen Freunden in der Jagdhütte Silvester zu feiern, während ganz Dresden bei Kerzenlicht zu Hause saß?" Er fuhr entrüstet fort: „Als ihr den dunklen Horizont über Dresden saht, hätte man erwarten können, dass ihr geschlossen den Ort verlasst und zu Hause, wie auch wir, bei Kerzenlicht weiter gefeiert hättet!“ Darauf antwortete ich: „1. hatten wir Alkohol getrunken, 2.war die Zufahrt verweht, 3.wären unsere Autos bei der Kälte auch nicht angesprungen und 4. waren meine Gäste von auswärts und von der Stromsperre erfuhren wir erst am Mittag des Neujahrestages!“ Da er diese Gründe übelgelaunt mit einer Handbewegung vom Tisch wischte und nicht gelten ließ, giftete ich nun auch erregt zurück: „Lieber euer dunkler Jahreswechsel 1978/79 in Dresden, als den hellen Feuersturm vom 13. Februar 1945, dem ich vierjährig auf den Armen meiner, um ihre Eltern besorgten Mutter, von unserem Heimatdorf aus hilflos zusehen musste!“ Damit war das Gespräch beendet.

Nach der Wende habe ich die Jagdhütte wieder eigenverantwortlich übernommen, nachdem ein selbsternanntes Bürgerkomitee erfolglos den Zutritt wegen vermuteter Reichtümer und auch die Übernahme dieses Objektes für sich forderte. Bis zum Eintritt in meinen Ruhestand 2005 sorgte ich für eine grundhafte Modernisierung. Jetzt diente die Jagdhütte ausschließlich für jagdliche Veranstaltungen und für eingewiesene Jagdgäste des Forstamtes Laußnitz. Viele Jagdgäste haben sich hier sehr wohl gefühlt und schwärmen heute noch davon.

Abends rückten wir nach getaner Arbeit schon mal in die Buschmühle Lomnitz ein und erholten uns in gemütlicher Runde.
(v. l .: Holm K. Torsten N., Dr. Gert D., Verf., Hubertus H., Karsten K..)

Ungestörte Erarbeitung der schriftlichen Jägerprüfungsfragen für Sachsen mit den Mitarbeitern der höheren Jagdbehörden Bautzen und Chemnitz

Die Schablonen mit den richtigen Antworten stanzten wir damals noch mit Gummihammer und Locheisen. Meine Nachfolgerin, Frau M., übergab die Hütte nach ihrer Übernahme an den Forstbezirk Dresden. Dort herrschte weniger Interesse an der Weiternutzung als Jagdhütte. Nachdem erneut eingebrochen und die verbliebenen Jagdtrophäen aus dem Fundus der obersten Jagdbehörde gestohlen wurden, klemmte man später aus „Sicherheitsgründen" die Elektroenergie ab und plante den Abriss. Heute dient das Objekt noch als Schutzhütte für die örtlichen Forstwirte, die im Außenbereich Jagdeinrichtungen bauen. Das Dach ist defekt, durch ein ausgesägtes Loch zwischen den Fenstern qualmt der Rauch aus dem Rohr eines transportablen Ofens und von der ehemaligen Einrichtung fehlt schon so einiges.

Mit Wehmut und einer Träne im Knopfloch besah ich mir kürzlich von außen und innen das Bauwerk und ließ die 35 Jahre an mir vorüberziehen, in denen ich hier mit viel Herzblut Verantwortung trug.

Ein Bau für die „Katz“

Zwischen Pirna-Copitz und Dorf Wehlen, nahe der Dörfer Mocketal und Doberzeit, zieht sich wie ein Canon, von steilen Sandsteinfelsen eingerahmt, die bewaldete Herrenleite hindurch. Seit jeher wurde hier der begehrte Elbesandstein gebrochen und im historischen Elbflorenz verbaut. Zwischen den Steinbrüchen trieb man Höhlen in den Berg und transportierte über ein Anschlussgleis der Bahn seit Beginn des vorigen Jahrhunderts auch kriegswichtige Güter in unterirdische Lager. Zu DDR-Zeiten wurde, unter strengster Geheimhaltung, darüber berichtet, dass auch Abfallmaterial des Reaktors Rossendorf bei Dresden, ihren Weg in die Herrenleite fand. Heute kämpft eine Bürgerinitiative gegen den nun privatisierten, maßlosen Sandsteinabbau in dem landschaftlich so reizvollen Tälchen.

Unser Jagdleiter Bernd S.

Nun gab es in den 80er Jahren von den Lohmener Jägern auch ein besonderes Interesse an der Herrenleite. Mein gewichtiger Jagdleiter Bernd S., ein großer Verfechter von Speis und Trank mit anschließendem, geselligem Beisammensein, hielt schon lange Ausschau nach einer passenden Jagdhütte für sein 15-köpfiges Jagdkollektiv. Umliegende Gaststätten waren oft geschlossen oder „pfiffen auf dem letzten Loch“. Bernd prüfte nun im Territorium unseres Jagdgebietes mehrere Objekte. Ein Barackenbau auf dem Kuhberg, die Straßenmeisterbude in der Eiskurve zwischen Dobra und Lohmen oder die verwaisten Eisenbahner-Häuschen an der Bahnstrecke fielen in die engere Wahl. Aber überall gab es Ecken und Kanten bei den Pacht- oder Nutzungsverträgen.

Doch eines Tages rief Bernd eine außerordentliche Jagdversammlung ein. Es herrschte ekliges, nasskaltes Nachwinterwetter. Über Pirna zogen die riesigen, osteuropäischen Saatkrähenschwärme von den Müllhalden um Dresden in Richtung ihrer polnischen Heimat. Ich blickte nach oben und verfolgte den krächzenden Flug der „Sorbischen Luftwaffe“, wie sie im Bautzener Raum ironisch genannt wurde.

Gespannt warteten die Jäger, die sich im Erbgericht Lohmen eingefunden hatten, auf die Ausführungen des Jagdleiters. Er verkündete freudig: „Ich habe den Standort für ein Schulungsobjekt für die Jagdgesellschaft Stolpen und besonders für unser Jagdkollektiv gefunden. In der Herrenleite liegt auf halber Höhe ein schon lange aufgegebener Steinbruch, in dem das Wohngebäude und ein Seitentrakt noch stehen, die einen relativ brauchbaren Zustand aufweisen. Einer Übernahme steht nichts im Wege und wir könnten im Frühjahr mit dem Ausbau und der Sanierung beginnen. Das erfordert aber den ganzen Einsatz aller Jäger!“

Jetzt entspann sich eine aufregende Diskussion. Alles redete durcheinander, so dass man sein eigenes Wort kaum verstand. Die meisten Jäger waren „Feuer und Flamme“ und malten sich schon aus, wie man dort, abseits der Zivilisation, „die Sau rauslassen“ könnte. Nur wenige, zu denen auch ich gehörte, die anschließend an solche „ Feste“ noch Auto fahren mussten, schätzten die Sache nüchterner ein und meldeten auch leise Zweifel an:

1. Konnten wir Jäger, die das Objekt noch gar nicht kannten, so viel Zeit und Geld aufbringen?
2. Ist dieses Objekt nicht eine Nummer zu groß für uns?
3. Wird das fertige Objekt nicht Begehrlichkeiten als Ferienobjekt für die anderen, mächtigeren Nutzer der Herrenleite wecken?

Der Muffelhumpen als Andenken

In der Euphorie wischte man aber diese Bedenken weg. Da auch die Vollversammlung der Jagdgesellschaft Stolpen der Baumaßnahme zustimmte und finanzielle Mittel in Aussicht stellte, begannen wir Lohmener Jäger im NAW (Nationales Aufbauwerk) mit enormem Selbstbewusstsein, unter der Leitung von Bernd S. mit den Arbeiten. In wöchentlichen Einsätzen leisteten wir Beachtliches, da fast alle handwerklichen Berufsgruppen im Jagdkollektiv vertreten waren. Die meisten Jäger stellten ihre jagdlichen Aktivitäten erst mal hinten an und der Bau ging zügig voran.

Als erstes war der große Gesellschaftsraum fertig. Danach ging‘s an die sanitären Anlagen im Nebengebäude. Nicht, wie meist in der übrigen DDR, in der ein gelernter und „promovierter“ Dachdecker das Sagen hatte, waren die Dächer der beiden Häuser noch relativ gut erhalten. Nur spezielle Arbeiten, wie die der Elektriker, erledigten örtliche Handwerker. Schließlich hatten wir Schützenanteile von Reh- und Schwarzwild, die so manche Tür öffneten. Den meisten Spaß machte mir persönlich die Pflege der Außenanlage, da ich mit der Feld- und Gartenarbeit vertraut war. So blühten schon in kurzer Zeit die ersten selbst gepflanzten Blumen und der geschnittene Rasen diente bereits als Parkplatz.

Bald fand die erste Vollversammlung im, mit Terrazzo gefliesten, Gesellschaftsraum statt. Bernd hatte zum Bieranstich, ohne unser Wissen, für jeden seiner Jäger einen persönlichen Porzellanseidel mit Muffelwildmotiven gekauft, Als er nach der Feier von jedem 30 Mark eintrieb, maulten schon einige.

Danach ging es an den Ausbau des Dachgeschosses. Die schrägen Wände wurden von innen mit gehobelten Brettern verkleidet. Für jeweils zwei Ehepaare teilten wir acht Einzelzimmer durch Holzwände ab. Um die Schnittware kümmerte sich der Jagdleiter, der als Ökonomischer Direktor im StFB Königstein tätig war. Die Schlafzimmereinrichtungen setzten sich aus Erbschaften, Wohnungsberäumungen und in einem Fall sogar aus einer Sperrmüllentsorgung zusammen. Das komplette Schlafzimmer meiner Schwiegereltern lagerten wir zwischenzeitlich in einer leer stehenden Villa, heute Raumausstatter, in Stürza ein. Der Innenausbau ging zügig voran und die ersten Übernachtungen wurden angemeldet.

Da kam das erste Fiasko. Bernd hatte kraft seiner „Wassersuppe" (Funktion) im Forstbetrieb einen Teil des Schnittholzkontingents, dass für Forsthausreparaturen geplant war, abgezwackt, ohne es mit dem Betriebsdirektor abzustimmen. Er wurde vor die Konfliktkommission des Betriebes geladen und anschließend in die Oberförsterei Hohnstein strafversetzt, obwohl wir die Bretter ordnungsgemäß bezahlt hatten. Uns tat der Jagdleiter sehr leid, aber wir, als Jäger, hatten auf diese Disziplinarmaßnahme keinen Einfluss.

Die Baumaßnahmen waren fast abgeschlossen, da gab es den nächsten „Knall". Der mächtigste Nutzer der Herrenleite trat in Aktion. Die Wächter der Nationalen Volksarmee (NVA) hatten schon lange ihre übergroßen Lauscher gespitzt und unseren Bau argwöhnisch verfolgt. Mit einem Handstreich wurde uns eines Tages das Objekt gekündigt und zum militärischen Sperrgebiet erklärt. All unsere Proteste bei „Partei und Regierung" auf den verschiedenen Ebenen blieben erfolglos. In einer Verhandlung beim NVA-Bauwesen, in Dresden auf der damaligen Nordallee, die ich mit meinem Mitjäger Heinz S. dort führte, erreichten wir lediglich, dass uns die geleistete Arbeitszeit, die auf die Stunde genau, von jedem Beteiligten, schriftlich und mit Unterschrift des Jagdleiters, nachzuweisen war, mit 3,50 M vergütet werden sollte. Unsere Einwände gegen die handstreichartige Enteignung wurden von dem uniformierten „Baulöwen", der wie ein aufgeblasener Truthahn hinter seinem Schreibtisch thronte, arrogant mit den damals üblichen Sicherheitsphrasen begründet, abgelehnt.

Was mit dem Objekt geschah, blieb uns infolge des nunmehrigen Betretungsverbotes verborgen. In einer späteren Jagdversammlung zahlte der Jagdleiter den Beteiligten den kargen Stundenlohn für ihre Arbeit aus. Damit spülten die trinkfesten Weidgenossen ihren Ärger hinunter.

So hatten wir den viel gepriesenen Bau „in den Sand gesetzt" und die frühen Zweifler behielten Recht! Die Gebäude wurden nach der Wende geschliffen und auf dem ehemaligen Steinbruchareal wächst heute wieder der Wald.

Dachschaden

Auf meiner Straße, Am Hellerrand, die Klotzsche von Hellerau trennt, gab es schräg gegenüber unsres Hauses vor der Wende eine Kneipe namens „Schello", in der fast ausschließlich die aus der näheren Umgebung stationierten Offiziere der sowjetischen Streitkräfte verkehrten. Dort tranken sie Wodka und Bier und verzehrten die aus Zeitungspapier gewickelten Stockfische, nachdem sie auf der Tischkante ordentlich weich geklopft waren. Danach knickten sie die Mundstücke der „Papyros", rauchten genüsslich oder drehten sich selbst ihre Machorka-Zigaretten. Dazu sangen sie russische und auch oft deutsche Volkslieder wie: „Schiroka strana moja rodnaja, mnogo wne lesow, polje i rek", „Piff-Paff, Piff-Paff oi, oi, oi, umiraet saitschik moi", oder „Iim schjonsten Wijusengrjunde" und „Am Brjunen vjor dem Tjoree".

Im strengen Winter 1979 kam ich spätabends durchgefroren vom Sauenansitz. Auf der Fahrt zur Garage sah ich im abgesenkten Gleisbett der Straßenbahn plötzlich einen dunklen Sack liegen. Ich dachte mir: „Da hat doch wieder einer seine Lumpen entsorgt, und das auch noch auf die Schienen." Ich hielt weiter oben an, ging zurück und trat mit dem Filzstiefel gegen das Bündel. Da vernahm ich ein Stöhnen, und der „Lumpensack" bewegte sich. Jetzt erkannte ich im diffusen Licht der Straßenlaterne einen stockbetrunkenen, lallenden Sowjetnik im dicken, schwarzen Watteanzug der Panzertruppe. Die Straßenbahn fuhr damals nachts nur aller Stunden. So packte ich den Kloß an den Beinen und schleifte ihn unter großer Kraftanstrengung auf den Fußweg. Dort drehte er sich auf die Seite und murmelte: „Spatch (Schlafen)." „Na, ja", dachte ich mir: „Erfrieren wird der in seiner dicken Kluft und den hohen Filzstiefeln sicher nicht." Seine Zechkumpane werden ihn auf dem Weg zur Kaserne schon finden und mitnehmen." Auf dem Rückweg von der Garage stellte ich befriedigt fest, dass er bereits verschwunden war.

Zu Hause im Wohnzimmer steckte ich meine „Eisbeine" in einen Eimer mit heißem Wasser, schaltete den Fernseher an und genoss mein, von Rosi vorbereitetes, Abendbrot zu später Stunde.

Plötzlich erschütterte eine Detonation unser Reihenhaus. Die Wände zitterten und unsere 2jährige Tochter Anja schrie im Schlafzimmer. Meine Frau lief nach oben und ich rannte barfuß vor die Haustür. Auf der anderen Straßenseite sah ich noch, wie drei „Russen" entlang der hohen Friedhofsmauer in den Wald flüchteten. Vom 100m entfernten Telefonhäuschen rief ich kurze Zeit später Feuerwehr und Polizei an. Mein Nachbar Günter M. war zwischenzeitlich auch vorm Haus und leuchtete mit seiner großen Stabtaschenlampe die Dachflächen ab. Da schrie er: „Oberhalb eures Schlafzimmerfensters ist ein Loch im Dach!" Nun stürzte ich über die Rollleiter durch die enge Luke auf den Dachboden. Da sah ich die Bescherung. Der ganze Fußboden glänzte in silbrigem Mehl. Das kannte ich aus meiner Grenzerzeit, wenn Leuchtraketen Fehlzündungen hatten und das Magnesium nicht abbrannte. Inzwischen war die Feuerwehr eingetroffen und stellte folgenden Schaden fest: Eine 5-Stern-Rakete, abgeschossen aus einer Leuchtpistole sowjetischer Herkunft, war durch die Dachvor-

Unser schönes Zuhause im Reihenhaus neben der von mir 1978 gepflanzten Tanne, Am Hellerrand

derseite geschlagen, hatte seinen Magnesiuminhalt entleert und war auf der Rückseite des Daches, mit einem wesentlich größeren Loch, nach draußen geflogen. Ein Dachsparren und mehrere Dachlatten hingen zerfetzt von den Löchern. Inzwischen war auch die Volkspolizei eingetroffen. Mehrere Genossen erklommen übers Treppenhaus den Dachboden, schleppten uns Schnee und Schmutz ins Haus und hielten anschließend im Wohnzimmer kluge Reden.

Der Feuerwehrhauptmann beendete das Palaver und sprach zu uns: „Sind Sie bloß froh, dass sich der Leuchtsatz nicht entzündet hat. Da wären mit Sicherheit Ihr Haus und die der beiden Nachbarn abgebrannt!“ Die Volkspolizisten erstellten ein Protokoll und versprachen mir, den Fall zu klären. Zwischenzeitlich hatte eine Fährtenhund-Besatzung der VP die Fußspuren der Täter im Schnee durch den Wald bis zum Kasernentor an der Königsbrücker Straße verfolgt. Nach Mitternacht gingen wir zu Bett. Aber an Schlaf war nicht zu denken.

Am Folgetage, einem Sonnabend, verständigte ich einen Dachdecker, der auch Jäger war, zur Schadensfeststellung und begann die zerstörten Holzteile notdürftig anzuschuhen. Da hielt auf einmal ein Russen-LKW vor unserem Haus. Ein Sergeant stieg aus, klingelte und sprach in gebrochenem Deutsch: „Wirr kommen, um Loch in Dach mit Beton reparieren.“

Tatsächlich, sie hatten einen Sack russischen Zement, der angestoßen immer nach Katzendreck stank, und eine Schubkarre Sand auf der Ladefläche. „Net“! (nein)“, war meine Antwort. Er: „Oder wollen du, jetzt, wo sehr kalt ist, ein Auto voll Kohlen?“ Da ich wusste, dass die „Freunde“ mit der so üblen Salzkohle heizten, mit der man sich den Schornstein gründlich versaute, verneinte ich auch dieses Angebot. So zogen sie unverrichteter Dinge wieder ab.

So meldete ich den Schaden, unter Vorlage der Dachdeckerrechnung von 29 Mark, beim örtlichen Versicherungsvertreter Gustav M., der ihn , wie er mir mal sagte, streng vertraulich, weiterzuleiten hatte. Ein Jahr lang tat sich nichts. Da sprach ich nochmals beim Volkspolizei-Kreisamt telefonisch vor. Der Bearbeiter antwortete: „Bitte haben Sie noch etwas Geduld. Die Regulierung von Schadensfällen mit den sowjetischen Streitkräften ist sehr kompliziert. Darauf antwortete ich genervt: „Wenn das Geld nicht innerhalb eines Monats auf meinem Konto ist, schreibe ich einen Leserbrief an die Sächsische Zeitung, dem Bezirksorgan der SED.“ Bereits am Abend des nächsten Tages stand Gustav vor meiner Tür und zahlte mir den „hohen“ Betrag in bar aus. Damit war der Fall für alle Beteiligten abgeschlossen.

Jagen wollen!

Es geschah in einer ersten Maiwoche Mitte der 70er Jahre. Rehböcke der Güteklasse IIc durften bereits erlegt werden. In der Mittagspause saß ich mit einigen Kollegen auf dem Brunnenrand unter der alten Linde im Hofe unserer Dienststelle. Wir genossen die wärmenden Strahlen der Frühlingssonne und ließen den lieben Gott einen frommen Mann sein.

Da rollte plötzlich ein Geländewagen der sowjetischen Freunde auf den Hof des ehemaligen Rittergutes, das uns seit 1976 als Bezirksforst- und Jagdbehörde diente. Die Tür auf der Beifahrerseite sprang auf und ein untersetzter, älterer Major in voller „Kriegsbemalung" entstieg dem Russenjeep. Der Offizier rückte seine große, runde Schirmmütze zurecht, trat zu uns heran und grüßte mit „Strastwuitje!"(Guten Tag). Wir erhoben uns und nahmen Haltung an. Dann fragte er in gebrochenem Deutsch: „Wo ist Chef?" Ich trat vor und antwortete: „Der Chef ist nicht da, er ist in Berlin. Aber sein Stellvertreter, Towarischtsch (Genosse) Fischer ist da." Der Major schüttelte sein ergrautes Haupt, dass die Mütze fast herunterfiel und sprach: „Wir nix fischen wollen, wir jagen wollen!" Meine anwesenden Kollegen verzogen ihr Gesicht zu einem breiten Grinsen und feixten in sich hinein.

Als Jagdreferent kannte ich solche Wünsche der Sowjets und ich bat ihn in mein ebenerdiges Dienstzimmer, das ich mit meinem früheren Chef Fritz M. teilte. Der Major nahm umständlich Platz und schilderte uns sein Anliegen. Als ein wichtiger Mann in der Dresdner Kommandantur, machte er uns klar, dass der 8. Mai , der Tag der Befreiung vom Faschismus , den er 1945 als einfacher Soldat miterlebt hatte, unmittelbar bevorstand. Zu diesem Anlass brauche er ein Wildschwein, aber ein großes. Und das wolle er mit seinen Offizieren selbst jagen, da kein Geld da sei, eins zu kaufen. Auch Treiber wolle er mitbringen.

So erledigte sich ein Anruf beim Forstbetrieb Dresden, ob ein Stück Schwarzwild verfügbar sei. Deshalb rief ich den damaligen Jagdleiter, Alfred W. in Seligstadt bei Bischofwerda an. Nach einigem Zögern erklärte er sich bereit, am Folgetage in der Massenei einen größeren Dickungskomplex durchdrücken zu lassen, in dem Schwarzwild seinen Tageseinstand hatte. Nachdem ich dem „Befreier" den Treffpunkt auf seiner Karte mit einem Rotstift angekreuzt hatte, ging alles seinen „sozialistischen Gang". Am Morgen trafen wir uns, 6 sowjetische Jäger, 12 Treibersoldaten, Fritz M. und ich pünktlich auf dem Parkplatz des Masseneibades. Der Jagdleiter empfing uns, wies die Gäste ein und gab nur Schwarzwild, außer führende Bachen, frei. Er verbot den Schrotschuss. Daraufhin sammelte ein Offizier bei seinen Jägern „alle?" Schrotpatronen ein, beließ den Flintenschützen ihre Brennecke und deponierte die Schrote in seinem Auto. Gemeinsam stellten wir die Kameraden um die große Fichtendickung, die sich in westlicher Richtung des Bades befand, an. Ich bekam den Koch der Einheit, einen kleinen, rundlichen Sibirier zugewiesen. Den stellte ich mit seiner Doppelflinte an einen Zwangswechsel nahe einem Kulturzaun. Vorher staunte ich noch über seine vorsintflutliche Flinte, an deren Schaft er einen Pistolengriff aus ungehobeltem Fichtenholz mit zwei Schrauben befestigt hatte. Als er die Läufe unter meiner Aufsicht mit zwei Flintenlaufgeschossen geladen hatte, begab ich mich auf meinen in der Nähe liegenden, ebenerdigen Stand. Ansitzböcke waren damals noch nicht üblich.

Das Treiben sollte eine Stunde dauern. Ein Waldarbeiter führte die Treiberwehr, die zweimal das dichte Holz durchzudrücken hatte. Mit lautem Getöse drangen die Soldaten ins Unterholz ein, entfernten sich und der Lärm ließ zusehends nach. Aber Schüsse: Fehlanzeige! Sollten die Sauen doch in einer anderen Dickung stecken? So verging die Zeit und die Treiber waren auf ihrem Rückweg bereits wieder zu hören. Vor mir überfiel ein junger Rehbock, dessen Gehörn noch im Bast war, die Schneise. Dann krachte es bei meinem Nachbarn, dem Koch. Na, dachte ich: „Hoffentlich liegt bei ihm eine Sau, damit der Festtagsbraten gesichert ist." Pünktlich „hupte" der Jagdleiter das Treiben ab und ich bummelte zu meinem angestellten Jäger. Schon von Weitem sah ich, dass er sich auf dem vergrasten Waldweg an einem Stück Wild zu schaffen machte. Er erschrak, als ich plötzlich neben ihm stand. Und was sehe ich da: Vor ihm liegt eine starke, hochbeschlagene Ricke.

Gaststätte „Dürrer Fuchs" nahe des Masseneiwaldes (seit langem geschlossen)

Einen Schuss konnte ich auf dem Reh nicht sehen. Mit Händen und Füßen erklärte mir der Schütze, dass das Reh am Zaun entlang auf ihn zugewechselt kam und er es auf fünf Meter Entfernung beschossen habe. Daraufhin sei das Tier in den Drahtzaun gesprungen und verendet. Als ich ihn anfuhr, warum er ein Mutterreh, und auch noch mit Schrot, geschossen habe, zuckte er nur mit den Schultern und sprach: „Ja nje ponimaju (ich nicht verstehen)". Dann griff er in seinen Stiefelschaft und beförderte einen seitengewehrähnlichen, langen Dolch hervor mit dem er das Reh aufbrechen wollte. Ich sagte: „Net!"(Nein) und brach die Ricke auf. Nach dem ich ihm die beiden, bereits verendeten Föten zeigte, wurde sein Gesicht bleich. Ich verklüftete den gesamten Aufbruch unter dem Wurfteller einer Fichte. Am Stellplatz angekommen verfinsterten sich die Minen der Gastjäger und des Jagdleiters zusehends. Der Dolmetscher wollte von mir den genauen Hergang wissen, während der Schütze vom ranghöchsten Offizier „zur Brust" genommen wurde.

Obwohl doch einige Sauen im Treiben waren und unbeschossen das Weite gesucht hatten, blieb die Ricke ihre einzige Strecke. Der Jagdleiter übergab das Reh mit der Bemerkung den Jagdgästen: „Diesen Schonzeitabschuss könnt ihr euch am 8. Mai schmecken lassen. Den kann ich dem Forstbetrieb Königstein nicht zumuten!" Zwei Soldaten warfen den Wildkörper auf die Ladefläche des LKW, die anderen kletterten hinterher und die Korona entfernte sich, ohne den sonst üblichen Wodka-Umtrunk, nach Dresden. Wir unterhielten uns noch ein Viertelstündchen mit Alfred W. und seinem Waldarbeiter und hofften, dass solche Jagdeinsätze in Zukunft die Ausnahme bleiben mögen.

Der „gerettete“ Hirsch

Das Mitglied des Bezirksjagdbeirates für Landeskultur Rolf H. erhielt 1979 zu seinem 50. Geburtstag eine Abschussfreigabe auf einen jagdbaren Rothirsch der Güteklasse IIb. Er wurde zur Brunft in die Jagdgesellschaft Königstein zum Jagdleiter Rudi L. nach Reinhardtsdorf eingewiesen. Da Rolf in seinem langen Jägerleben nie eine Fahrerlaubnis besaß, war er bei den Fahrten zur Jagd immer auf seine Frau oder befreundete Jäger angewiesen. Zum besagten Jagdeinsatz hatte er in der Aufregung auf das erfreuliche Ereignis auch noch sein Jagdglas vergessen, worüber die dortigen Jäger hinter vorgehaltener Hand lästerten. Aber Rolf ließ sich davon nicht beeindrucken, lieh sich ein Fernglas und kam bereits nach wenigen Ansitzen auf einen Abschusshirsch zu Schuss. Später berichtete er mir: „Der Hirsch zog aus der Dickung auf eine Blöße und als er breit stand, ließ ich die Kugel fliegen. Den Beschossenen riss es von den Läufen und ehe ich nachgeladen hatte, wurde er wieder hoch und verschwand in der Dickung. Die Nachsuche blieb erfolglos. Sie wurde scheinbar nicht konsequent genug durchgeführt, da alle Beteiligten einen Krellschuss vermuteten.“

Der passionierte Weidmann ließ sich aber von dem Fehlschlag nicht weiter beirren und jagte weiter auf einen Brunfthirsch. Vier Tage nach seinem Missgeschick wechselte an ihm ein starker Hirsch in Richtung CSSR-Grenze vorbei. Da dachte sich Rolf: „Hier musst du handeln, sonst ist dieser Hirsch für dich und die DDR verloren!“Und so streckte er einen Kapitalen der Klasse Ia, der später auf der agra mit einer Silbermedaille bewertet wurde. Die Erlegung dieses Recken, der für Rolf zwei Nummern über seiner Freigabe lag, sprach sich im Bezirk Dresden wie ein Lauffeuer bis in die höheren Parteikreise herum. Der Erleger rechtfertigte sich wie folgt: „Als verdienten Jäger werden die Genossen mir doch sicherlich den Abschuss gönnen und die Trophäe zusprechen.“

Doch da hatte er sich gründlich verrechnet. Beginnend beim Jagdleiter, der seine Wände bis zur Scheuerleiste voller Hirschgeweihe hatte, sowie über die mittleren und höheren Jagd-, Forst- und Parteiebenen machte sich der Jagdneid breit. Die Trophäe wurde auf damaliger gesetzlicher Grundlage entschädigungslos eingezogen und verblieb bis zur Wende im Fundus der agra in Markkleeberg.

Alle Versuche, in den Besitz des Hirschgeweihes zu kommen, bis zu einem Bittschreiben an den obersten Jäger der DDR E.H., blieben für Rolf erfolglos. Da änderte auch sein Einwand nichts, dass er den Hirsch für die DDR gerettet habe. Man maß hier nicht mit zweierlei Maß, wie es schon mal in besonderen Fällen vorkam. Man statuierte ein Exempel. So hängt das Geweih noch heute in der Dienststelle des ehemaligen Forstamtes Cunnersdorf in der Sächsischen Schweiz neben der Trophäe eines Fundhirsches, der dem des Erstbeschossenen von Rolf wie ein Auge dem anderen gleicht.

Der inzwischen hochbetagte Weidmann lässt sich von Zeit zu Zeit von seiner Frau nach Cunnersdorf fahren, um sich unter „seinen“ Hirschgeweihen an das Erlebte von vor mehr als 40 Jahren zu erinnern.

Der „Erstbeschossene“ und der „Nichtfreigegebene“

Ein teurer Hirsch

Kurz nach der Wende sprach der aus dem Kreis Bautzen stammende Tierarzt und Jäger Dr. P., nun Tierschutzreferent im Sozialministerium, beim Leiter der Landesforstverwaltung mit folgendem Anliegen vor: Mit seinen neuen Verbindungen in die süddeutschen Partnerländer hatte er Kontakt zu einem stimmgewaltigen Jagdhornbläserchor aus Baden-Württemberg aufgebaut. Da die meisten Bläser auch Jäger waren, lud P. die Mannschaft nach Bautzen zu einer Hubertusmesse in den Dom ein, wo sie ihr Können unter Beweis stellten. Danach bat er unseren Forstchef um die Ausrichtung einer Ansitztreibjagd für sich und seine Gäste auf Rot,- Reh- und Schwarzwild im Landesforst.

Diesem Wunsche kam mein Chef nach und erteilte mir den ehrenvollen Auftrag im Forstamt Bielatal mit dem damaligen Forstamtsleiter Mario P. eine solche Jagd zu organisieren. Dr. P. war „Feuer und Flamme“, da auch er eher seltener in einem Rotwildgebiet jagen konnte. Bei der Besprechung der Einzelheiten war ihm zu unserem Erstaunen die reine Ansitzzeit von 2,5 Stunden viel zu kurz. Er wollte sie unbedingt verdoppelt wissen. Doch das lehnten wir auf Grund der fortgeschrittenen Jahreszeit und Witterungslage, die es mit den Gästen aus dem Ländle nicht besonders gut meinte, ab. Aus Kulanz gaben wir auf seine Enttäuschung hin eine halbe Stunde zu. Wie ich mich erinnere, verlief die offizielle Jagd ohne besondere Höhepunkte und Vorkommnisse. Die Strecke war recht bescheiden, aber das anschließende Verblasen gewaltig.

Nur eine Nachsuche auf ein Bockkitz stand an, die der versierte Revierförster und Schweißhundeführer Herbert E. übernahm. Während die meisten Jagdgäste und auch ich den Heimweg aus Markersbach antraten, verblieben der Schütze und sein Gastgeber Dr. P. in der Nähe des Anschusses, um das Ergebnis der Nachsuche abzuwarten.

Am folgenden Morgen rief mich der Forstamtleiter erregt an: „Du wirst es nicht glauben. Es ist nicht zu fassen. Während die Nachsuche noch lief, wechselte bei Dr. P. ein starker, mittelalter Zwölfer- Hirsch vorbei. Da brannten dem Gastgeber die Sicherungen durch. Er riss seine noch geladene Waffe hoch und erlegte einen Hirsch, der auch auf der vorher beendeten Jagd nicht freigegeben war!“ Meine verdutzte Antwort: „Da reißen wir uns für ihn und seine Gäste den A. auf und werden dann von ihm als Dank mit einer solchen Disziplinlosigkeit belohnt!“

Ich berichtete sofort meinem Oberlandforstmeister über den Vorfall. Empört legte er stehenden Fußes fest: „Dr. P. zahlt die doppelte Abschussgebühr gemäß Jagdnutzungsanweisung.“ Und das war ein guter vierstelliger Betrag in D-Mark. Den Bescheid sandte unsere Chefsekretärin unmittelbar an das Ministerium des Hirschjägers. Die Herren in seinem Ministerbüro werden beim Öffnen des Briefes wohl nicht schlecht gestaunt haben, was sich ihr Tierschutzreferent da geleistet hatte. Der war daraufhin äußerst „verprellt“, weil sein Vergehen jetzt weit über sein Ministerium hinaus bekannt wurde. Auch hatte er danach nicht wieder das Verlangen im Landesforst um eine Gesellschaftsjagd zu bitten.

Manchmal hat's den Teufel

Anlässlich seines 60. Geburtstages 1992 erhielt unser Waldbaureferent Hans-Joachim R. einen Rothirsch der Altersklasse 4 vom Chef der Landesforstverwaltung im Forstamt Eibenstock frei. Hans bat mich, ihn zu diesem Höhepunkt ins Westerzgebirge zu begleiten. Diesem Wunsch kam ich natürlich gern nach, da auch für mich ein geringer Hirsch vorgesehen war. Wir fuhren frohgelaunt ins Gebirge, quartierten uns in der Sauschwemme, einer ehemaligen Försterei nahe des Auersberges, ein und wurden schon bald vom Forstamtsleiter Siegfried S. und seinem Revierförster T. dort begrüßt. Hans wurde von T. zu seinem Ansitzort gebracht. Dort bezog er eine Jagdkanzel in einem lückigen Baumholz am oberen Osthang eines Fichtenbestandes. Mich schickte man auf einen Leiterhochsitz an einem Schneisenkreuz weiter unten.

Es verging die Zeit. Von Brunftbetrieb war nichts zu spüren. So beobachtete ich zwei kleine Goldhähnchen, die sich in den Fichtenästen neckten. Die Abendsonne zog sich langsam zur Ruhe, als plötzlich ein Schuss von der Kanzel in meinem Rücken peitschte. Kurz darauf fiel ein zweiter. Jetzt drehte ich mich, so gut es ging auf dem Sitz nach hinten. Da knackte es am Oberhang und ein starker Hirsch trollte mit erhobenem Haupt auf der senkrecht ins Tal führenden Schneise auf mich zu. Kurz vor meinem Hochsitz drehte er nach rechts in den lichten Bestand ab und wechselte nun sehr ruhig in die quer zum Hang führende Rückelinie von mir weg. Ich behielt den Hirsch, der für mich zwei Nummern zu groß war, im Jagdglas. Nach gut 100m begann die hintere Körperhälfte des Kapitalen plötzlich zu schwanken, was mich sofort stutzig machte. Aber für einen Schuss spitz von hinten war es bereits zu spät, als der ungerade Zwölfer in der benachbarten Dickung verschwand. Nun dunkelte es bereits und am Treffpunkt stand der Jagdführer mit meinem entnervten Berufskollegen. Hans hatte den starken Hirsch zweimal beschossen. der erste Schuss sollte Blatt sitzen und den zweiten zielte er auf den Stich. Hätte ich beim Anwechseln auf meinen Hochsitz geahnt, dass der Hirsch krank an mir vorbeigezogen war und mindestens eine Kugel hatte, wäre ein sicherer Fangschuss für mich sicher kein Problem gewesen. Aber was half jetzt „hätte und könnte"? Die Folgen für die Erlegung eines für mich nicht freigegebenen Medaillenhirsches wären fatal gewesen.

Es galt nur noch eine Nachsuche am nächsten Morgen. Der versierte Schweißhundeführer Manfred E. stand dazu schon in den Startlöchern. So schlieften wir beide nach dem Abendbrot, das Hans nicht so richtig schmeckte, in unsere Kojen. Hans fand wenig Schlaf. Im Traum hörte ich ihn stöhnen: „Hätte ich bloß nicht gleich geschossen?" Er warf sich von einer Seite auf die andere und wartete auf den Morgen. Für einen Frühansitz war er nicht zu bewegen. Mich wies Siegfried auf eine geschlossene Jagdkanzel an einem größeren Kahlschlag ein. Er selbst setzte sich im Tal an eine Dickung. Ein schöner Brunftmorgen kündigte sich an. Beim Sonnenaufgang verzogen sich letzte Nebelschwaden und aus weiterer und näherer Entfernung meldeten die Hirsche. Kurz nach 6 Uhr fiel beim Forstamtsleiter ein Schuss. Der riss mich aus meinen Gedanken, und ich sagte mir: „Jetzt heißt es aufpassen!“ Ich hatte noch kaum richtig Luft geholt, als ein mittlerer, ungerader Kronenzehner vom 4. Kopf zügig in Richtung der aufgehenden Sonne zog. „Der passt!“, stand für mich fest. Als der Hirsch den Waldweg querte, ließ ich ihn in meine Kugel laufen; dachte ich. Er zog weiter und verhoffte auf ca. 300 Schritt vor einer Bergkuppe. Ich war mir meiner Kugel sicher, da der Zielfernrohrstachel im „Roten“ saß. Aber mir kamen auch Zweifel, dass ich vielleicht gemuckt hatte. Und da tauchte auch schon der Forstamtsleiter an der Bestandesecke auf und rief mir von weitem zu: „Verdammter Mist. Ich habe einen alten, bereits zurückgesetzten Rothirsch mit Bravour vorbeigeschossen. In der Aufregung muss ich den Schuss total verrissen haben. Was liegt bei dir?“ Kleinlaut antwortete ich : „Bei mir lief es auch nicht besser. Mein ungerader Zehner scheint sich auch noch bester Gesundheit zu erfreuen. Eine Kontrollsuche ist auf jeden Fall notwendig.“

„Da passt ja dieses Wochenende wieder mal alles zusammen“, resümierte Siegfried. An der Sauschwemme erwarteten uns bereits Hans und der Nachsuchenspezialist Manfred E. mit seinem Schweißhund. Der legte nach eingehender Beratung fest, erst meinen Anschuss zu untersuchen und dann mit der komplizierten Nachsuche auf den Hirsch von Hans fortzufahren. An meinem Anschuss angekommen, legte er seinen Hund 20 m vorher ab und mit einer mir selten bekannten Penibilität untersuchte Manfred auf Knien fast liegend nach Schusszeichen. Plötzlich richtete er sich auf, lächelte und rief mich zu sich: „Siehst du dort in 1m Höhe den kleinen, gelben Fleck auf der dicken Fichte? Da steckt deine Kugel drin und eine Nachsuche erübrigt sich. Da hast du wohl doch zu kräftig durchgezogen.“ Er nahm sein Jagdmesser, entfernte einige Rindenschuppen und das kreisrunde Einschussloch der 8x57 IR wurde sichtbar. Mit vorgezogener Unterlippe schaute ich den Forstamtleiter verdutzt an und wir beiden Schlumpschützen schämten uns gemeinsam.

Der starke Hirsch von Hans Joachim R.

Dann ging‘s zur Nachsuche auf den beschossenen Hirsch von Hans-Joachim. Der Forstamtsleiter stellte uns beide an bekannte Wechsel um den großen Dickungskomplex, in den der Hirsch am Abend eingezogen war. Lange Zeit tat sich nichts. Ich spannte geduldig in den vor mir liegenden Bestand. Aber kein rotes Haar, geschweige denn der beschossene Hirsch wechselten mich an. Nach gut 2 Stunden, so gegen Mittag ertönte plötzlich der befreiende Hundelaut. Siegfried holte mich ab und wir eilten in die Richtung des Verbellens. Da standen wir auch schon vor dem verendeten Hirsch, den Hans am Abend beschossen hatte. Manfred liebelte seinen vierläufigen Jagdhelfer für seine ausgezeichnete Arbeit ab. Doch wo blieb Hans? Hatte er den Hundelaut nicht vernommen? Besorgt liefen Siegfried und ich zu der Stelle, wo er seinen Stand zugewiesen bekam. Hans saß zusammengesunken an einem Baumstamm und erschrak, als wir ihn anriefen und fragte, was denn los sei. „Dein Hirsch liegt!", rief Siegfried. Hans fuhr hoch, rannte auf uns zu, dankte uns und war sprachlos vor Freude. Wir machten ihm klar, dass der Dank ausschließlichen Manfred E. mit seinem Schweißhund gilt. Das holte Hans am gestreckten Hirsch ausgiebig nach. Dann schallte das Signal -Hirsch tot- durch die Erzgebirgswälder. Und so hatte sich das Blatt doch noch zugunsten des Erlegers gewendet. Die Freude der beteiligten Forstkollegen konnte auch ein Wermutstropfen beim Abschlagen des Hauptes an der Kühlzelle in Eibenstock nicht trüben. Ein vergnatzter, älterer Jagdneider, seines Zeichens Kraftfahrer im Forst, konnte sich folgenden Satz nicht verkneifen: „Nu scha, ee bis zwee Schahre hätte der Herrsch ruisch älder sein kenne, denn nach dor linkn Unterkieferseite isser neune und nach der rechtn elfe. „ Woher er das so genau wusste, blieb sein Geheimnis.

Angeschmiert!

Da hatte ich doch den Staatsekretär für „Handel und Sorgen“ schon wieder mal am Halse.

Mein Chef W. rief mich zu sich und verkündete mir: „Am Wochenende kommt auch in diesem Jahr der H. aus Berlin, dem ich noch etwas schuldig bin, zur Hirschbrunft. Da ich nicht da bin, musst du ihn zu fünf Ansitzen in der Laußnitzer Heide führen, jeweils dazu in Bautzen abholen und wieder nach dort zurückbringen!“ Jetzt dämmerte es mir. W. besaß seit ein paar Wochen einen nagelneuen PKW „Lada“.

H. hatte geplant, sich mit seiner Frau im Hotel „Lubin“ in Bautzen, einzuquartieren. Nachdem ich mir diesen Dienstauftrag durch den Kopf habe gehen lassen und meiner Frau mitgeteilt hatte, dass das Wochenende gelaufen ist, kamen wir beide zu dem Schluss:

„Dieser Einsatz ist so nicht realisierbar!“ Freitagnachmittag den Jagdgast holen, nach dem Ansitz nach Bautzen zurückbringen, nach Hause fahren, kurz schlafen, früh halb vier wieder abholen, dann wieder nach Bautzen und so weiter bis in die Nacht zum Montag. Das waren 10 Fahrten zwischen Dresden, der Heide und Bautzen, also über 600 km. Das monatliche Treibstoffkontingent für mein Dienstauto Lada-Niva betrug 25 Liter Benzin, die für ca. 200 km reichten. Außerdem war ich für die Sicherheit des Gastes verantwortlich. Bei den 3 bis 4 Stunden Nachtruhe und den „Sonderwünschen“ des Genossen H., die uns hinreichend bekannt waren, konnte und wollte ich das nicht riskieren. Das teilte ich meinem Chef mit, der dafür, anfangs aber etwas knurrend, Verständnis aufbrachte. So einigten sich die Beiden, dass der Gast für eine Nacht ein Hotel auf der Prager Straße in Dresden buchte und ich ihn nur zu zwei Ansitzen fahren und führen musste.

Pünktlich, am Sonnabend 16 Uhr empfing uns der Jagdleiter Hans K. am D15. Er teilte mit, dass an der „Sandhaufenkanzel“ ein starker Vierzehnender brunftet. Da hellten sich die Züge des sonst eher mürrischen Staatsekretärs auf und er verlor für kurze Zeit seine kühle Zurückhaltung gegenüber dem Oberförster. Nach einer kurzen Einweisung verabschiedete sich Hans K. und ich begab mich mit dem Gast auf die besagte, halboffene Jagdkanzel. Wir erlebten einen kühlen, klaren Herbstabend. Als die Sonne am westlichen Horizont hinter den Altkiefern mit ihren flachen, ausladenden Kronen unterging, waren die ersten Brunftschreie in Richtung Moor und Jagdhütte zu hören.

H. lud seine Bockbüchse 7x65R, klickte das Zeiss-Zielfernrohr westlicher Produktion in die Rasten und prüfte sein Schussfeld. Da knackte es bereits vor uns. Ein starkes Leittier verhoffte an der Bestandesgrenze und trat dann sichernd auf die mit Pfeifengras (Molinia) bewachsene Blöße. Ihm folgten Kalb, Schmaltier und danach ein zweites Tier mit seinem Kalb.

Das Rudel äste friedlich an den bereits über Jahre verbissenen, mannshohen „Bonsaifichten“ und wir warteten auf den angekündigten Platzhirsch. Nach etwa 10 Minuten krachte es hinter uns in den Kiefernstangen. Man hörte das Anschlagen der Geweihstangen an die dürren Äste und mit einem satten Brunftschrei meldete sich der Hirsch. Gespannt lauschten wir. H., mit der Büchse bereits im Anschlag, zitterte vor Jagdfieber. Die Laufmündung hüpfte auf und nieder. Da schob sich ein, im Wildbret und Geweih sehr starker, mittelalter, ungerader Achter-Hirsch aus dem Baumbestand und trat zum Kahlwild.

„Das ist doch nicht der Vierzehnender, den ich schießen will!", knirschte der enttäuschte Jagdgast. Ich hielt den Finger an den Mund, beugte mich zu seinem Ohr und hauchte: „Schießen Sie! Das ist ein guter Abschusshirsch." H. richtete sich auf, stellte seine Waffe in die Kanzelecke und sagte etwas lauter: „Nein, wir warten auf den Vierzehnender!" Das hatte das Leittier mitbekommen, es warf auf, äugte in unsere Richtung und zügig zog das Rudel, gefolgt vom besagten Hirsch, nach der Heidewiese.

Es dunkelte ziemlich schnell, wir verließen den Hochstand und fuhren, wie abgesprochen, wenn kein Schuss fällt, nach Dresden. Weit vor Tagesbeginn saßen wir wieder auf der gleichen Kanzel am Sandhaufen und verhörten das Brunftkonzert um uns herum. Gespannt lauschten wir und vernahmen, wie das Rotwild von der Wiese her anwechselte. Nun zog es aber, zu unserer Enttäuschung, nicht über die Blöße, sondern umschlug uns in der moorigen Dickung. Man vernahm nur ein unregelmäßiges Platschen. Doch da, ein verhaltenes Knören!, und wer tritt ins Freie? Unser starker Achter vom Vorabend. Wie vom Blitz getroffen sprang H. auf und brummte hörbar: „Wenn der Vierzehnender eben nicht kommen will, dann schieße ich jetzt den ‚Japper'." Das hatte der Hirsch vernommen. Beleidigt über diese Beschimpfung, wendete er und prasselte hochflüchtig zurück.

H. sah mich nach einiger Zeit vorwurfvoll an, sagte aber kein Wort und stieg vor mir von der Kanzel. Kaum im Auto machte er dann seinem Unwillen Luft: „Hier wird man doch nur verarscht, von wegen Vierzehnender? Ich fahre noch heute nach Schleiz. Dort hat man für mich einen Achtzehnender ‚angebunden' und das klappt mit Sicherheit. Na ja, an Ihnen hat es wohl nicht gelegen. Sie haben sich Mühe gegeben, aber genau so erfolglos, wie auch im Vorjahr!"

Auf der Ausfahrt zur F97, an der Zwillingsbuche, versperrte uns ein querstehender Trabant die Ausfahrt. Ich stieg aus und blickte in die Runde. Da sah ich einen Mann und eine Frau, die in Straßennähe Pilze suchten. Ich rief ihnen zu: „Gehört Ihnen das Auto, das uns hier den Weg versperrt?" „ Nee!", war die Antwort des Mannes. Als ich nachdachte, wo wir noch aus dem Walde fahren könnten, stieg der kräftige Staatssekretär aus und ruckelte an dem Trabi. Da kamen am Straßenrand gerade zwei Soldaten der Sowjetarmee entlang, die ein Telefonkabel entrollten. Ich winkte ihnen zu: „Towarischtschi, pomoschtschi boschaluista (Genossen, helfen bitte)!" So packten wir zu viert, jeder an einer Ecke, den Trabant an und stellten ihn soweit auf die Seite, dass er mit den rechten Rädern fast im Graben stand. Ich bedankte mich bei den Freunden mit einem „Spasiwo"(Danke).

Da stürzten die beiden Pilzsucher mit lautem Geschrei auf uns zu und drohten mit einer Anzeige bei der Polizei. Ich fauchte sie an: „Die Anzeige können Sie haben, aber von mir, wegen Parkverbot und Blockieren eines Waldweges!" Da glaubte ich plötzlich, nicht richtig zu sehen. Der Genosse Staatssekretär packte den Schreihals am Schlawittchen und drohte ihm: „Noch ein Wort! Und du bekommst von mir so eine Tracht Prügel, die du dein Leben nicht vergisst!" Der schmächtige Pilzsucher erblasste, seine Begleiterin kreischte auf, der Jagdgast schubste ihn beiseite und die Soldaten spulten ihre Trommel weiter ab. Danach fuhren wir beide, ohne Hirsch, nach Dresden.

Am Wochenbeginn meldete ich das Ergebnis der Jagd und das anschließende Vorkommnis meinem Chef. Der verschwand darauf kopfschüttelnd und ohne Kommentar in sein Dienstzimmer. Ich schrieb anschließend unter Angabe der Kennzeichennummer des Trabis eine Anzeige ans Volkspolizeikreisamt (VPKA) Dresden. Die Antwort ließ nicht lange auf sich warten.

Anrede, Bla, Bla, Satzaussage: „Wir beiden Jäger sollten froh sein, wenn der Geschädigte von einer Anzeige seinerseits wegen Sachbeschädigung, Körperverletzung und Bedrohung Abstand nimmt. Ihnen war wohl gar nicht bewusst , mit wem Sie es da zu tun hatten!" Mit sozialistischem Gruß, H., Major der VP.

Ich sah diesen „Pilzsucher" später, nach der Wende, mal in der Straßenbahn der Linie 7. Als wir uns fixierten, stand er blitzartig auf und stieg aus. Ich weiß bis heute noch nicht, wer und was dieser Mensch damals in Dresden war. Später erfuhr ich durch den „Buschfunk", der ja in der Jagd immer hervorragend klappt, dass das Geweih des Vierzehnenders von der Sandhaufenkanzel, den der Staatssekretär schießen sollte, bereits zum Zeitpunkt, als wir dort ansaßen, in der Waschküche eines schlitzohrigen Jägers der dortigen Jagdgesellschaft hing, was auch dem Jagdleiter, Hans K. zum Zeitpunkt der Gastjagd, noch nicht bekannt war.

Eingezogen

Mein Jagdfreund und Mitarbeiter bei der Kreisjagdbehörde Dippoldiswalde, Erhard K. wurde eines Tages, Mitte der 80er Jahre, zum Abteilungsleiter Forst, dem auch die Jagd unterstand, zitiert.

Was war geschehen? Erhard und sein Sohn A. hatten ihren Sommerurlaub an die Müritz in Mecklenburg angetreten. Beides Jäger und Naturschützer, erkundeten sie nun die herrliche Umgebung des größten Sees in der damaligen DDR. An einem frühen Abend wanderten sie auf einem Damm am Ostufer entlang und bestiegen zur besseren Aussicht eine Jagdkanzel. Schon nach kurzer Zeit bot sich ihnen ein beeindruckendes Bild. Weit über 100 Stück Rotwild zogen aus dem moorigen Waldbestand in eine große Wiese. Dort äste das riesige Rudel bei bestem Tageslicht. Die beiden Naturfreunde waren vom Anblick fasziniert und begeistert.

Als sie nach längerer Zeit, vom Wild unbemerkt, den Hochstand wieder verlassen wollten, bemerkten sie in einiger Entfernung eine große, schwarze Limousine, aus der zwei Personen stiegen. Ein schwergewichtiger, dunkelhaariger, jüngerer Forstmann in Uniform, leuchtete mit seinem Fernglas die Umgebung ab und die beiden Ausgestiegenen kamen schnurstracks auf die Kanzel zu. Der Forstmann, es war mit hoher Sicherheit der Jagdleiter Karl P. stieg die Leiter hoch und stellte die beiden Sachsen in sächsisch zur Rede: „Was ham Se hier im Sperrgebiet zu suchen? Verlassen Se sofort den Hochstand und folgen Se mir!“ Am Fahrzeug stellte man die Personalien fest und kündigte ihnen an, dass sie mit Konsequenzen zu rechnen haben. Erhard erwiderte darauf: „Wir haben nur ein Schild ‚Naturschutzgebiet‘ da hinten gesehen und am Hochsitz war kein Benutzungsverbot angebracht. Uns ist auch nicht bekannt, dass man hier bei Tageslicht kein Wild beobachten darf.“ Betreten wollten sie den Heimweg antreten. Da verließ eine dritte Person im Lodenmantel mit grünem Hut und Jagdwaffe das Fahrzeug. Der Wortführer und dieser Jäger begaben sich nun in Richtung Jagdkanzel. Jetzt erkannte Erhard in dem Jäger die Person des Vorsitzenden des Ministerrates der DDR, W. S., und ihm wurde klar, dass sie dessen Staatsjagdgebiet betreten hatten.

Die Mühlen begannen nun langsam zu mahlen. In unserer der Forstabteilung tauchte eines Tages der Oberstlandforstmeister J. aus Berlin auf. Mein Arbeitszimmer lag neben dem des-Abteilungsleiters. Durch die dünne Wand im ehemaligen Rittergut hörte ich den lautstarken Disput, den J. mit seiner hohen, piepsigen Stimme mit meinem Chef führte. Den Inhalt des „Gesprächs“ konnte ich aber nicht deuten. Zwei Tage später steckte plötzlich Erhard K. seinen Kopf zu meiner Zimmertür herein und sprach erregt: „Oh Gott, ich muss zum Alten.“ Weiter sagte er nichts. Offensichtlich ahnte er Schlimmes.

Nach gut einer Stunde trat er wieder, leichenblass, bei mir ein und ließ sich in den Gästesessel neben der Tür fallen. Ohne meine Frage abzuwarten, was denn sei, legte er los: „B. hat mir den Jagdschein abgenommen und jetzt muss ich auch noch meinen Drilling, um den ich so lange kämpfen musste, abgeben! Und das Schlimmste ist, dass man meinen Sohn

A. von der Forsthochschule Tharandt feuern will." Ich zuckte fassungslos mit den Schultern und fragte: „Verdammt, was habt ihr denn angerichtet, habt ihr jemanden erschossen?" Jetzt erzählte Erhard ausführlich die Begebenheit vom Ostufer der Müritz. Nun wurde mir auch klar, warum J., bekannt bei uns unter dem Namen „Schweinebacke", hier im Nebenzimmer und auch beim Kreis in Dippoldiswalde sein stimmgewaltiges „Pfeifkonzert" abgezogen hatte.

Ich sann lange nach, wie ich den beiden Jägern helfen könnte und schlug dem Geschassten vor: „Erhard, schreibe dem Vorsitzenden des Ministerrates einen höflichen Brief, in dem du ihn, aus eurer Unwissenheit heraus, wegen des Betretens seines Staatsjagdgebietes, vielmal um Entschuldigung bittest. Was anderes kann ich dir im Moment auch nicht raten."

Kaum war E. aus meinem Zimmer verschwunden, musste ich zum Chef, der mich mit folgenden Worten empfing: „Ich wurde vom Leiter der Staatsjagd beauftragt, dem K. die Jagderlaubnis einzuziehen, da er mit seinem Sohn das persönliche Jagdgebiet eines hohen DDR-Repräsentanten vorsätzlich betreten und ihm den Abendansitz auf Rotwild versaut hat!" Von meinem Gespräch mit E. wusste mein Chef nichts. Er reichte mir die Jagderlaubnis über den Tisch, damit ich sie im Waffenschrank verwahren sollte. Diesen Auftrag lehnte ich mit folgender Begründung ab: „Jagderlaubnisse dürfen grundsätzlich nur von der Ausstellungsbehörde, das ist in dem Falle das Volkspolizeikreisamt Dippoldiswalde, zurückgenommen oder eingezogen werden!" Verblüfft sah der Chef mich an. Ohne ein Wort zu sagen, zog seinen Schreibtischkasten auf und warf das Dokument hinein.

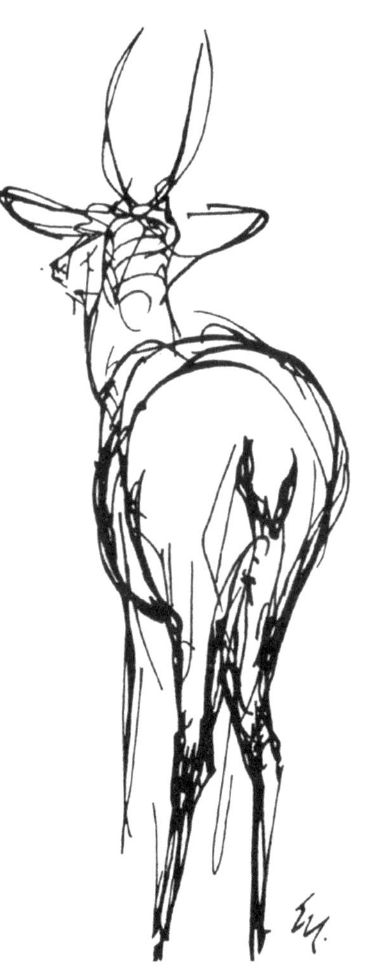

Wochen später erfuhr ich das Ergebnis von Erhards Brief. Der Gescholtene durfte sich seine Jagderlaubnis bei meinem Chef wieder abholen, wozu er sich nun aber mehrfach mahnen ließ, sein Sohn A. studierte weiter in Tharandt und die Retourkutsche traf den obersten „Staatsjäger" J., der erst mal in seinem „Sauladen" Ordnung schaffen sollte.

Die gestohlenen Grandeln

Der ehemalige Waldbauer des Staatlichen Forstwirtschaftsbetriebes Niesky, Forstmeister Hubert L., erzählte mir mal folgende Geschichte:

„In den 60er Jahren saß ich eines Abends nach der Hirschbrunft auf Kahlwild an. Die Oktobersonne meinte es noch gut, als ein Rotalttier sein knochiges Haupt aus der Kieferndickung schob und lange sicherte. In der Annnahme, dass das dazugehörige Kalb folgt, nahm ich mir noch alle Zeit der Welt und wartete. Beunruhigt schimpften einige Amseln über die Störung an der Waldkante. Dann zog das Tier gemächlich, hier und da ein paar Gräser äsend, über den Kahlschlag. Als es die Mitte der Freifläche erreicht hatte und kein weiteres Stück folgte, entschloss ich mich zum Schuss auf die alte ‚Tante'. Ruhig legte ich auf der Kanzelbrüstung den Drilling auf, entsicherte , stach ein und betätigte in aller Ruhe den Abzug. Das Alttier sprang im Schuss schräg nach oben und brach nach wenigen Fluchten tödlich getroffen zusammen.

Da noch bestes Licht herrschte und die Sonne gerade den Horizont küsste, stieg ich vom Hochstand und trat ehrfurchtsvoll an das gestreckte Tier. In aller Ruhe erledigte ich die rote Arbeit und brach mir die sehr gut gefärbten und angeschliffenen Grandeln aus dem Oberkiefer. Ich dachte mir: ‚Die werden sich besonders gut auf einem Ring zum runden Geburtstag für deine Frau machen:' Ich legte sie auf einen frischen Kiefernstubben neben den Aufbruch, setzte mich daneben und wartete auf meinen Mitjäger. Da rauschte es plötzlich neben mir und ehe ich mich versah, landete ein Amselhahn auf dem Stubben, schnappte sich mit seinem orangegelben Schnabel eine Grandel und flog damit in die nahe Dickung. Ich sprang auf, klatschte in die Hände und lief verärgert in Richtung des Diebes. Doch zu spät. Enttäuscht stapfte ich zurück . Da haute es mich fast um. Inzwischen fehlte auch die zweite Grandel. Wer dieser Dieb war, konnte ich nicht ermitteln." Abschließend sagte mir Hubert, dass er nie wieder Rotwildgrandeln so leichtsinnig abgelegt habe. Sie kamen nun sofort zum Kleingeld ins Portmonee.

Nach der Ernte, im August 1985, fand in Baschütz bei Bautzen eine landwirtschaftliche Ausstellung, nach dem Vorbild der agra in Leipzig, für den Bezirk Dresden statt. Dazu hatten auch Forstwirtschaft und Jagdwesen ihren Beitrag zu leisten. Mit meinem Zimmerkollegen, dem Naturschutzreferenten Hans-Jörg V. gestaltete ich im Vereinszimmer des kleinen Dorfgasthofs eine Jagdtrophäenausstellung. Hier präsentierten wir Spitzentrophäen von Rot-, Reh-, Muffel-, Dam- und Schwarzwild in würdiger Form. Nachdem wir dafür den mündlichen Dank und Anerkennung geerntet hatten, fragte mich mein Chef nach dem Trubel, wie wir auch die anderen Forstkollegen für ihre Aktivitäten würdigen könnten. Da bis auf wenige Ausnahmen alle Helfer auch Jäger waren, schlug ich ihm vor, in der Jagdgesellschaft Altenberg beim Jagdleiter Günter E. in Fürstenwalde einen Abendansitz auf Rotwild, mit anschließendem würdigen Schüsseltreiben, zu organisieren. Das nickte der Chef ab und eine gute Handvoll Jäger fuhr am 11. Oktober ins Ferienheim des E., mit gesicherter Übernachtung, ins Osterzgebirge.

Da zu dieser Jahreszeit dort noch Brunftbetrieb herrschte, hielt sich der Jagd- und Herbergsleiter auch nicht lange bei der Vorrede auf, begrüßte mit dem Kreisjagdsekretär Erhard K. und dem Vorsitzenden der Jagdgesellschaft Wolfgang H. uns Gäste. Nach der Belehrung und den üblichen Formalitäten sprach der Jagdleiter: „Ich gebe Rothirsche bis zu Güteklasse IIb und ansonsten alles , was das Jagdgesetz gestattet, frei. Die meisten Ansitze befinden sich auf dem Plateau im Zentrum des Reviers. Leider muss ich auch einen Weidgenossen gleich hier am Ortsrand, hinter dem Hof dort hinten auf die Buchenleiter setzen, da durch den Sturm vergangene Woche einige Jagdeinrichtungen beschädigt wurden. Wollen wir das Los entscheiden lassen, oder geht einer freiwillig hinter die Häuser?" Ich blickte besorgt zum Himmel und sah, dass sich die Fichtenkronen schon stark im Wind beugten. So hob ich die Hand und sagte: „Ich bleibe im Tal und beziehe die Buchenleiter, auf der ich im Vorjahr schon mal, leider vergeblich, gesessen habe."

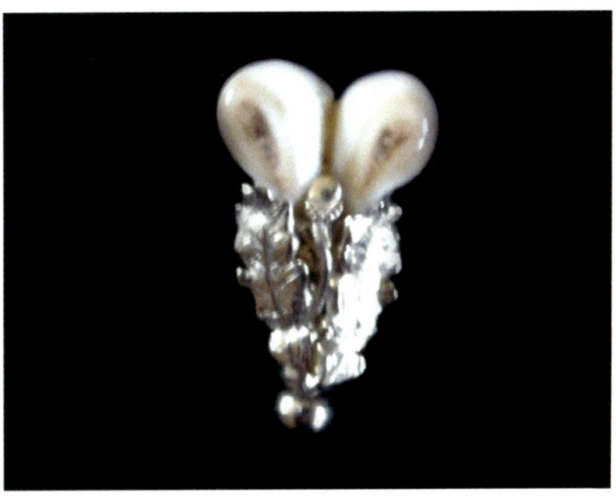

Die Grandeln sind von diesem Hirsch

Als dann alle Jäger ausgerückt waren, fütterte ich meine DW-Hündin „Sola" und bummelte dann zu meinem Stand. Der Böhmische Wind nahm noch zu und aus dem Bauernhof hinter mir kläfften zwei Hunde, mit belastend hoher Stimme, ohne Unterlass. So dachte ich mir: „Hoffentlich vergeht die Zeit recht schnell. Denn was soll bei dem Sturm und dem Gebelle hier hinter den Häusern schon für Wild wechseln?" So saß ich auf der engen Leiter unter der rauschenden Altbuche und mir kam das Sprichwort vom bewaffneten Begräbnis in den Sinn: „Ein Fuchs kann immer kommen!"

Und schon setzten die Hunde wieder mit ihrem mörderischen Gebell ein. Ich drehte mich mit zorniger Mine nach ihnen um und was sah ich? Da trollte doch ein mittelalter, ungerader Eissprossenzehner mit

Stiefelknechtgabeln durchs Unterholz auf mich zu. Oberhalb am Hang verhoffte er plötzlich auf 40 Gänge. Und ehe er in die Fichtendickung eintauchen konnte, erreichte ihn meine Kugel. Mit lautem Gepolter preschte der Hirsch quer zum Hang von mir weg. Doch dann herrschte wieder Ruhe. Nach einer kurzen Pause hielt es mich nicht mehr auf dem Hochsitz. Auf allen Vieren arbeitete ich mich durch Brombeerbüsche und den Fichten-Buchenunterstand zum Anschuss vor. Ein Stein fiel mir vom Herzen. Lungenschweiß wie aus der Gießkanne. Als ich meine Siebensachen packte, war es bereits stockdunkel. Nach 10 Minuten war ich auf dem Parkplatz. Dort erwarteten mich schon die übrigen Jäger. Auf dem stürmischen Plateau hatte nur einer Anblick und zu Schuss war keiner von ihnen gekommen.

Auf Grund der Schusszeichen bat ich den Jagdleiter um eine sofortige Nachsuche mit meiner Totverbellerhündin. In Begleitung seines Sohnes Reiner schnallte ich Sola am Anschuss. Die Hündin verschwand im Unterholz. Bereits nach einer Minute mischte sich ihr wolfsähnlicher Standlaut in das Rauschen der Bäume. Mit Hilfe einer lichtschwachen Taschenlampe standen wir bald am Hirsch, auf dem Sola mit ihren Vorderläufen stand und von ihm Besitz ergriffen hatte. Während Reiner Verstärkung holte, brach ich den Hirsch notdürftig auf. Dann wuchteten die zahlreichen Helfer den Hirsch an die Talstraße, wo uns bereits der Jagdleiter erwartete. Danach ging's zum Schüsseltreiben ins Wirtshaus. Das Haupt meines Hirsches lehnte, umrankt von Fichtenzweigen, auf einem Stuhl an der Front der Tafel. Das Jagdsignal - Hirsch tot- ertönte, während mir der Jagdleiter den Erlegerbruch überreichte. Anschließend sangen alle Anwesenden ein dreifaches - Horrido und Weidmanns Heil -. Bis nach Mitternacht wurde ausgelassen gefeiert und anschließend sanken wir erschöpft in unsere Betten. Am Morgen nach dem Frühstück besah und betastete ich meine Trophäe nochmals ausgiebig. Als ich den Äser entlang der Zahnreihen aufschärfte, um nach dem Abschliff der Molaren zu sehen, stellte ich mit Entsetzen fest, dass dem ca.6 bis 7jährigen Hirsch die Grandeln fehlten. Darauf blickte ich in die Runde. Aber keiner verzog eine Mine. Ich zuckte mit den Schultern und sprach: „Es ist mir schon einmal passiert, das ein älterer, von mir erlegter Hirsch nur eine Grandel hatte, aber dass beide fehlen, das ist für mich ein Novum."

Da platzten die anwesenden Schlawiner plötzlich mit lautem Gelächter heraus. Erhard K. trat zu mir heran, griff in seine Hosentasche und dozierte: „Wenn du schon der Einzige warst, der gestern zum Zuge kam, und das unter diesen widerlichen Bedingungen, dann wollten wir dich wenigstens testen, ob du ‚hirschgerechter' Jäger auch weißt, dass ein Rothirsch Grandeln im Geäse hat?" Er öffnete seine linke Hand und überreichte mir die zwei schönen, marmorierten und bereits gesäuberten Grandeln meines Hirsches. Diese Schmuckstücke aus der Sturmnacht im Osterzgebirge ließ ich mir später in einer goldenen Schlipsnadel fassen.

Edelweiß

Unser erster Urlaub in die Hohe Tatra führte uns nach Tatranska Lomnitza. Mit dem Zweimann-Bergzelt campierten wir oberhalb des Ortes auf einem kleinen, malerischen Zeltplatz mit Blick auf die Lomnitzspitze. Damals, Anfang der 70er Jahre, war alles noch recht einfach und bescheiden. Um das kleine, nach hinten abfallende Zelt mit eingelegten Luftmatratzenschläuchen, schaufelte ich mit dem Pionierspaten einen Wassergraben, da immer mit heftigen Gebirgsregengüssen zu rechnen war. Morgens brachte die Sennerin in ihrer bunten Goralentracht frische Milch, Sahne und köstliche Waldhimbeeren zu einem heute nicht mehr vorstellbaren geringen Preis. Unsere Mahlzeiten brutzelten wir auf dem kleinen Barthel-Kocher vor dem Zelt. Bis zu den Füßen der Berge fuhren wir und unsere Freunde, die Familie K. aus Ottendorf-Okrilla mit unseren Trabis und erklommen mit jugendlichem Eifer die geplanten Ziele. Azurblaue Bergseen, blühende Almwiesen und phantastische Aussichten erfreuten unsere Herzen.

Die präparierten Blüten

Eine Wanderung führte uns in die östliche Weiße Tatra, in der uns die strahlenden Kalkwände entgegenleuchteten. Nahe einer solchen Felswand stand eine über 40m hohe, knorrige Fichte, deren Äste wie eine Leiter fast bis zum Erdboden reichten. Bei der Rast unter dem Baumriesen entdeckte ich mit meinem 10x50 Jagdglas in 15m Höhe an einem Überhang einen Edelweißbusch mit mehr als 20 Blüten. Das Bild vom Tüpferl-Toni aus den Alpen vor Augen, wie er unter Lebensgefahr seiner Zensi ein Edelweiß aus der Wand pflückte, reifte in mir ein Entschluss: „So eine Blüte holst du für deine Rosi!" Da schon in meiner Kindheit kein Baum für mich zu hoch war, schnappte ich mir einen gegabelten, dürren Zweig und wie ein Feuerwehrmann kraxelte ich von Ast zu Ast die Fichte nach oben. Als ich mit den Edelweißblüten auf gleicher Höhe war, fehlten mir noch gute 2m, um mit dem Stock an eine Blüte zu kommen. Das Holz zwischen den Zähnen

Mit unseren Trabis auf dem Zeltplatz in Tatranska Lomnitza

hangelte ich mich auf 2 Querästen mit Händen und bloßen Füßen zur Felswand hinüber. Die Äste bogen sich bedrohlich, je weiter ich nach außen kam. Mit der gegabelten Zweigspitze konnte ich dann mit letzter Kraftanstrengung ein nach unten hängendes Blütenbüschel abdrehen, das wie ein Fallschirm vor die Füße meiner Holden segelte.

Am späten Nachmittag, wieder an unseren Zelten angekommen, wurde der Kocher für ein Schälchen „Heeßen" angeworfen. Während das Wasser im Topfe blubberte, prahlte ich mit meiner Edelweißgeschichte. Ein ebenfalls aus Dresden stammender Zeltnachbar mit langem, damals modischen Zottelhaar und rotem Vollbart, hatte scheinbar einige Wortfetzen aufgeschnappt und pirschte sich an unser Gespräch heran: „Höre ich richtig? Sie haben im Gebirge Edelweiß gefunden. Das müssen Sie mir zeigen!" In meiner Naivität entgegnete ich ihm unbefangen: „Den Beweis kann ich Ihnen gleich liefern. Eine von mir unter Lebensgefahr erbeutete Blüte liegt bereits zum Pressen in einem Jagdbuch im Zelt." Da jappste der Rotbart nach Luft, seine graugrünen Augen quollen vor Zorn hervor und er schnauzte mich wie einen dummen Schuljungen an: „Sind Sie wahnsinnig, ich bin Naturschützer in der Dresdner Heide. Wenn jeder poplige Tourist, wie Sie einer zu sein scheinen, hier in der Hohen Tatra ein Edelweiß der Natur raubt, dann ist diese Art auch hier bald ausgestorben!"

Mir blieb erst mal die Spucke weg, da mir wohl bekannt war, dass Tiere und Pflanzen im Nationalpark streng geschützt sind und ich mich jetzt selbst ans Messer geliefert hatte. Ich versuchte den Herrn zu beruhigen und träufelte mir Asche aufs Haupt. Das beschwichtigte ihn aber eher nicht und er knurrte: „Ein junger Förster hat so ein Massel und findet Edelweiß, wonach ich hier schon seit Jahren suche."

Der von unserer Reisebegleiterin Gotelind mit frischer Milch nun angerührte Pudding von ihrer West-Oma schmeckte wie das DDR-Kälberaufzuchtmittel „Kälban", was meine Laune nach dem Disput auch nicht besserte. Der verärgerte Naturschützer brach am folgenden Morgen seine Zelte ab. Ich hatte ihm den Ort des Edelweißbusches nach seinem Anschiss natürlich nicht verraten und auf den Bescheid der von ihm angedrohten Anzeige bei der dortigen Naturschutzbehörde warte ich noch heute. Die Edelweißblüten im Fotoalbum bleiben mir als Andenken und waren für mich auch eine Lehre fürs Leben.

Die Hohe Tatra

Im Karschwinkel

Mit Beginn des Jagdjahres 1968 gab unser damals ältester Jäger Arno S. aus gesundheitlichen Gründen seinen Pirschbezirk „Karschwinkel“ im Jagdgebiet Lohmen auf. Er wollte nur noch auf dem westlich gelegenen Vogelberg jagen, wenn er sich dazu in der Lage fühlte.

Arno, schon vor 1945 Jäger, hatte durch einen tragischen Unfall ein Augenlicht eingebüßt.

Was war geschehen? Zur Sicherung seiner gezäunten Obstanlage baute er am Tor eine Selbstschussanlage gegen Obstdiebe ein. Beim Öffnen der Gartentür löste sich, wenn entsichert, ein Schrotschuss „Vogeldunst“ und verscheuchte die Übeltäter, die es auf seine Äpfel, Birnen, Kirschen und Pflaumen abgesehen hatten. Nach einem feuchtfröhlichen Kneipenbesuch wankte Arno zu Fuß nach Hause. Da fiel ihm ein, dass er seine Schussanlage noch nicht scharf gestellt hatte. Er beugte sich über sein technisches Bauwunder und versuchte im Dunkeln die Sicherung zu lösen. Dabei muss er, wie er uns später erzählte, mit der Hand abgerutscht sein und der Schuss löste sich. Ein gewaltiger Hieb traf ihn im Gesicht und er rutschte auf den Erdboden. Glücklicherweise fand ihn seine Frau, die den Knall vernommen hatte und veranlasste den Transport ins Krankenhaus nach Pirna. Die Ärzte konnten leider das eine Auge nicht mehr retten. So jagte Arno noch viele Jahrzehnte mit einem Licht doch noch recht erfolgreich bis ins hohe Alter. Nun stand sein Pirschbezirk zur Disposition.

Blick vom Karschwinkel über Lohmen zum Lilienstein (l) in der Sächsischen Schweiz

Der Forststudent Bernd S. und ich bewarben sich nun bei unserem Jagdleiter Bernfried L. um dieses attraktive Jagdgebiet, in dem starke Rehböcke ihre Fährte zogen. Bernfried fiel die Wahl unter uns beiden, gleichaltrigen Jägern schwer. Er konnte sich längere Zeit nicht entscheiden, wem er den Karschwinkel zusprechen sollte. So sagte er in der Jagdversammlung im März: „Am kommenden Sonntag findet auf dem Waldschießstand in Hohnstein das Pflichtschießen der Jagdgesellschaft Stolpen statt. Bei 5 Schuss auf 30 m mit dem Flintenlaufgeschoss gibt es für jeden getroffenen Ring auf der Rehbockscheibe einen Punkt und für jede getroffene Tontaube 5 Punkte bei 10 Tauben. Das macht maximal 100 Punkte. Wer von euch beiden Bewerbern unterm Strich mehr Punkte erreicht, geht ab 16. Mai im Karschwinkel jagen." Lagen wir beide nach dem Rehbock noch fast gleichauf, konnte ich das Wurftaubenschießen auf Grund meiner besseren Reflexe mit Abstand für mich entscheiden.

Zur Freude des zuständigen Oberförsters Dietrich G. erlegte ich mit der Doppelflinte dort bei der stark überhöhten Rehwilddichte im ersten Jahr 10 Rehböcke, meist Knopfer und Abnorme und fast die gleiche Zahl weibliches Rehwild. Der Wildverbiss war zu der Zeit hier so hoch, dass sogar die Kiefernkulturen gezäunt werden mussten. 1971 streckte ich hier mein erstes Stück Schwarzwild, einen Überläuferkeiler. Mit meinem Dienstbeginn im Herbst des gleichen Jahres bei der Bezirksjagdbehörde hatte ich jetzt das große Glück aus dem dortigen Jagdwaffenstützpunkt den Drilling mit nutzen zu dürfen Das erleichterte die Bejagung ungemein. Vier prägende Erlebnisse aus dieser Zeit sind mir noch in guter Erinnerung:

Der Drilling, des Jägers Universalwaffe

Zu Beginn

Im ersten Herbst beschoss ich mit der Finte von einem alten, noch vorhandenen, wackligen Hochsitz ein schwächeres Bockkitz. Auf den Schuss hin sprang die Ricke mit dem anderen Kitz in den nahen Wald ab. Das beschossene Stück flüchtete übers freie Feld in Richtung Porschendorf. Mit dem Glas sah ich, dass der Vorderlauf schlenkerte. Sofort eilte ich zu meiner abgestellten Jawa an der ich meinen DW-Rüden „Cliff" abgelegt hatte. Am Anschuss mit reichlich Schweiß und Knochensplittern schnallte ich meinen Wachtel, der sofort lauthals der Wundfährte folgte. Nahe des ersten Bauernhofes erreichte er das kranke Kitz und zog es nieder.

Da hörte ich plötzlich eine männliche Stimme schreien: „Da hat ein verwilderter Köter eben ein Reh am Halse gepackt!" Ich riss mein 10x50-Jagdglas an die Augen und sah, wie ein

Mann mit einer Mistgabel auf meinen Hund zurannte. Flinte hoch und einen Schrotschuss in die Luft waren eins. Der Bauer verhoffte, warf auf und sah in meine Richtung. Im Laufschritt eilte ich zum Ort des Geschehens und nickte das Bockkitz ab. Der ältere Landwirt stand leichenblass auf seine Forke gestützt daneben und murmelte: „Mensch, da hätte ich doch bald einen wertvollen Jagdhund abgestochen.“ „Und das wäre für Sie sicher sehr teuer geworden“, gab ich zurück.

Hohlschuss

Im kommenden Sommer schoss ich mit dem 16er Flintenlaufgeschoss am frühen Morgen auf einen älteren, zurückgesetzten Sechserbock an der Kante zum Wesenitzklamm. Der Bock zeichnete und flüchtete über den Schmalkahlschlag in die Kieferndickung. Am Anschuss etwas Schnitthaar und tiefere Eingriffe waren das Einzige, was ich fand. Da musste der Hund her. Cliff arbeitete die Fährte zügig und verhoffte dann am Steilabfall zur Wesenitz. Dort untersuchte ich nochmals die Fluchtfährte, die in einer Schlucht zum Fluss mündete. Hier schnallte ich meinen Hund. Wie ein geölter Blitz rutschte er die Rinne hinunter und gab

Im Wesenitzklamm

am Bachufer giftigen Standlaut. Daraufhin eilte ich zum Wanderweg, der zur Försterbrücke führte, gefolgt von meinem damals 15jährigen Bruder Roland. Dort sahen wir auf 50 bis 60 Schritt den kranken Rehbock bis über den Bauch im Wasser stehen. Das rote Einschussloch lag eine Handbreit mittig unter der Wirbelsäule. Als Cliff uns kommen sah, sprang er in die Fluten und versuchte in der Strömung den Krankgeschossenen zu greifen. Doch das misslang ihm. Der Bock erreichte vor dem Hund das entgegengesetzte Ufer und die laute Hetze lief in Richtung Eiskurve der Staatsstraße ins benachbarte Pirschgebiet. Nun hieß es warten und auf erneuten Standlaut hoffen. Nach gut einer Stunde kam der Rüde völlig entkräftet zurück. Wir fuhren zum Jagdleiter nach Lohmen, der uns mit der weiteren Nachsuche am Schweißriemen beauftragte. Cliff führte uns bis fast auf den Kuhberg bei Dobra. Ab und an verwies er einen Tropfen Wildbretschweiß. In der größten Mittagshitze brachen wir die Nachsuche erfolglos ab. Alle rätselten, warum der Bock sich nicht irgendwo niedergetan hatte. Der Anschuss lag über zwei km zurück. Keiner glaubte, dass der Bock diesen Schuss überlebt hätte. In den Folgetagen wartete ich mit Bange auf die Meldung über einen verluderten Rehbock.

Als ich im Folgejahre an ähnlicher Stelle einen Rehbock streckte, den mein Bruder als Jagdanwärter aufzubrechen hatte, rief der plötzlich aufgeregt: „Komm mal her und sieh dir das an! Hier beiderseits unter der Wirbelsäule sind zwei helle, unbehaarte Flecken, die völlig vernarbt sind.“ Nun brach ich das Stück sehr vorsichtig weiter auf. Und siehe da: Der Zwerchfellpfeiler war total verwachsen und verkrumpelt. Der Bock vom Vorjahr hatte den Hohlschuss überlebt. Bereits hier bewahrheitete sich der Spruch: „Auf der Jagd gibt es nichts, was es nicht gibt!“

Wilderer?

In einer Jagdversammlung Mitte der 70er Jahre berichtete unser greiser Jäger Arno: „Da habe ich doch vergangene Woche nahe der Kirschallee einen Rehbock erlegt. Die 16er Brennecke lag mitten drauf, sodass ich zu Hause den Panseninhalt noch kräftig mit Leitungswasser auswaschen musste. Da bemerkte ich, das der Bock am Träger zwei kleine, noch schweißende Wunden aufwies. Als ich mit dem Jagdmesser darin herumpuhlte, beförderte ich zwei Stückchen rundes Eisen, wie von einem 60er Nagel, zutage. Erst dachte ich an einen Splitter vom Flintenlaufgeschoss, aber der wäre ja aus Blei und nicht aus Eisen.“ Nach dem das Teilchen von Hand zu Hand gegangen war, wurde aufgeregt über Wilderei diskutiert, denn man hatte in der letzten Woche auch von verdächtigen Schüssen gehört. Der Jagdleiter Bernfried forderte abschließend alle Jäger zur Vorsicht und Wachsamkeit auf.

So vergingen Wochen. An einem Abend, ich hatte meinen Bockansitz gerade erfolglos beendet, begab ich mich auf dem Mittelweg in Richtung „Armsäule“, an der ich meinen Trabi abgestellt hatte. Da kam mir plötzlich ein Moped, ich merkte es am Klang des Motors, wie es der Mitjäger „Ettl“ B. fuhr, mit aufgeblendetem Licht, entgegen. Rasch trat ich hinter einen stärkeren Baum, nahm den Drilling von der Schulter, stopfte wieder eine Murmel in den

Kugellauf und erwartete den sich Nähernden. Doch der hielt ca. 20 m vor mir, schaltete Licht und Motor aus, bockte das Moped auf den Ständer und legte einen länglichen Gegenstand über den Sitz. Dann verschwand er zu Fuß auf meinem geharkten Pirschweg zum Fuchsbau. Nach einer halben Minute schlich ich mich an das Fahrzeug. Im diffusen Licht des aufgehenden Mondes erkannte ich in dem Gegenstand eine Langwaffe. Die griff ich mir in der Annahme, dass es ein Luftgewehr sei und hängte sie mir am Gewehrriemen, einer dünnen Wäscheleine, über die Schulter. „Da wirst du dem Ettl. mal einen richtigen Schreck einjagen!", dachte ich mir und wartete hinter einem , wenige Meter entfernten, Strauch.

Nach kurzer Zeit knackte es und der vermutliche Jäger trat an sein SR2-Moped. Da sprach ich ihn an: „Na Ettl., wer hat dich denn heute zu so später Stunde noch in meinen Pirschbezirk eingewiesen?" Der Angesprochene fuhr erschrocken zusammen und stotterte: „Ich bin nicht der Ettl. Aber wo ist mein Gewehr?" Jetzt war der Schreck für Sekunden auf meiner Seite. Wie als Grenzer gelernt, nahm ich meinen Drilling in Anschlag und donnerte ihn an: „Wer sind Sie, und was treiben Sie hier in der Nacht?" Mit weinerlicher Stimme antwortete der Fremde: „Ich heiße Peter U., wohne in Arnsdorf und will nach Pirna." „Und was tun Sie hier im Walde in der Dunkelheit?", forschte ich weiter. „Ich musste nur mal austreten und wollte noch heute Abend meinem Cousin das von mir selbstgebaute Gewehr zeigen", log er nun schon selbstsicherer. „Weisen Sie sich aus, legen Ihren Personalausweis vor sich auf den Mopedsitz und treten Sie fünf Schritt zurück!" Er tat es verängstigt. Ich schnappte mir den blauen Lappen und sagte: „Und jetzt können Sie nach Pirna oder zurück nach Hause fahren. Ihr Gewehr und den Personalausweis nehme ich mit. Das Weitere erfahren Sie von der Volkspolizei."

Er wendete zögernd sein Moped, knatterte davon und ich begab mich, anstatt zur Übernachtung in meine Jagdkanzel, auf dem kürzesten Weg zum Jagdleiter nach Lohmen. Der öffnete die Haustür und fragte verdutzt: „Hast du was erlegt, oder was führt dich jetzt, um diese Zeit, noch zu mir?" Darauf meine Antwort: „Ich glaube, ich habe die Ursache der Querschläger von Arnos Bock ermittelt."

Es wurde eine lange Nacht. In Bernfrieds Stube besahen wir uns als Erstes den konfiszierten Schießprügel. Von wegen Luftgewehr! Auf einem aus einer Holzbohle geschnittenen Vollschaft, wie bei einem Stutzen, war ein verzinktes Wasserleitungsrohr, das hinten zugeschweißt war, mit Stahlringen befestigt. Dort, wo normalerweise der Pistolengriff sitzt, befand sich ein Plastikkästchen mit zwei Flachbatterien. Daraus führten zwei Kabel seitlich in den Lauf, Mit dem provisorischen Abzug konnten zwei weitere, dünnere Kabel kurzgeschlossen werden. Der Lauf vom Kaliber etwa einer 20er Flinte war total verrußt und stank nach Schwefel wie verfaulte Eier. Geladen schien er nicht mehr zu sein. Bernfried, der als Bauer früh aufstehen musste, hielt sich dann nicht mehr lange bei der Vorrede auf, schloss das „Gewehr" und den Ausweis in seinen Waffenschrank ein und entließ mich mit dem Versprechen, dass er am Morgen das Volkspolizeikreisamt in Sebnitz verständigt. Ich fuhr zu meiner Schlafkanzel und ruhte noch drei Stunden unter wirren Träumen bis zur Morgendämmerung. Auf der anschließenden Pirsch belohnte ich mich an einem kleinen Rotkleeschlag noch mit den Abschuss eines älteren Rehbockes der Klasse 2b. Da Vorkommnisse mit illegalen Waffen damals nicht an die „Große Glocke" gehängt wurden, habe ich auch nie erfahren, was aus dem selbst gebastelten Gewehr und dem jugendlichen „Büchsenmacher" geworden ist.

Abgebrochen

In meinem Pirschbezirk saß ich eines frühen Morgens auf einer Leiter am weit verzweigten Bausystem, in dem die Familien Dachs und Fuchs gemeinsam hausten, vor dem Raubmündigwerden, auf Jungfüchse an. Selbst die jährliche Baubegasung brachte in diesem Felsenbau wenig Erfolg. Mit der Tollwutprämie von 25 Mark pro Fuchs konnte man damals schon einen Teil seiner Fahrtkosten begleichen. Selbst die geschossenen oder gefangenen Jungfüchse wurden auch im Forstbetrieb gebalgt, was heute keiner mehr tun würde.

Als die Sonne mit ihren wärmenden Strahlen die Hauptröhre erreichte, schliefte ein Jungfuchs nach dem anderen, insgesamt 5 Stück, aus dem Bau. Sie begannen ihr Spiel und warteten scheinbar auf die Fähe und den Rüden, die noch auf Mäusejagd waren. Mit der ersten Dublette lagen zwei Jungfüchse und mit einem weiteren Schrotschuss ein dritter. Die beiden übrigen verschwanden blitzartig im Bau. Nach geraumer Zeit näherte sich im Unterwuchs ein roter Schatten. Der kräftige Rüde, den Fang voller Mäuse, deren Schwänzchen alle an einer Seite heraushingen, traute dem Frieden nicht so recht und verzog sich wieder.

Ich stieg vom Hochsitz, sammelte die Strecke ein und hängte sie an einer Schur an den Hochsitz in der Nähe meines Trabis. Einen, der damals sehr stabilen Raubwildbeutel legte ich gleich unter die Leiter an der Wald-Feld-Grenze, damit die Plaste von den Sonnenstrahlen etwas weicher wurde.

Auf dem anschließenden Pirschgang an diesem taufrischen Morgen hoffte ich noch auf einen Rehbock. Da vernahm ich auf der Südseite in den Feldern Richtung Mühlsdorf Motorenlärm. Als der verstummte, ertönten Menschenstimmen und laute, militärische Befehle. Auf einem geharkten Pirschweg, schlich ich mich dem Lärm entgegen. Ich traute meinen Augen kaum, als sich ein Zug Kampfgruppenleute mit vorgehaltener Maschinenpistole, in Schützenkette durch den sprießenden Winterweizen und die angrenzende Wiese, die vor der Heumahd stand, in Richtung Wald vorarbeitete. Ich sagte zu mir: „Sind die denn noch zu retten, jetzt und hier, das Getreide und die Wiese zu zertrampeln."

Nach der Kontrolle meines Kunstbaues beendete ich die Morgenpirsch und wollte nun meine Füchse holen. Am besagten Hochsitz angekommen, stellte ich fest, dass der große Plastebeutel fehlte. Erst konnte ich mir darauf keinen Reim machen. Doch dann sah ich die Waffenträger am Waldrand in Stellung liegen. Als der Befehl „Sammeln" ertönte, erhoben sich die Kämpfer der verschiedensten Altersgruppen und trotteten auf dem vorgelagerten Feldweg zur Alten Lohmstraße. Dort stand ihr abgestellter LKW „Robur". Und siehe da, einer der älteren Semester hatte meinen Beutel unterm Arm. Ich setzte mich in meinen Trabant und fuhr zum Stellplatz dieser Truppe. Die Leute saßen um ihr Fahrzeug im Grase und ließen sich ihr Frühstück schmecken. Den einen, der auf meinem Fuchsbeutel saß, fragte ich: „Warum haben Sie mir diesen Beutel unter dem Hochsitz gestohlen?“ Er antwortete: „Was heeßt hier gestohln? Der kam mir grade recht, als ich mich in die taunasse Wiese schmeißen musste. Ich habn uffgeschnittn und hatte von allen hier die beste Unterlache. Gucken Se, meine Klamotten sind noch trucken.“

Jetzt nahm ich „Dummes Pulver“ und sagte zu ihm: „Mensch sind Sie lebensmüde. Oberhalb des Beutels hingen an der Leitersprosse drei tollwutverdächtige Füchse, deren Schweiß, wie Sie hier noch sehen können, auf die Plaste getropft ist!“ Jetzt wurde er blass im Gesicht. Da trat der Gruppenführer, der meine Worte gehört hatte, näher und schnauzte seinen Mitkämpfer an: „Bist du denn von allen guten Geistern verlassen!“ Er funkte das Vorkommnis seinem Zugführer und befahl im Ergebnis des Disputs: „Fertigwerden und Aufsitzen, die Übung ist beendet. Wir fahren sofort zurück in unseren Betrieb nach Heidenau!“ Ich hörte noch, wie einer, der hinten von der Ladefläche aus lachte und rief: „Gott sei Dank, da is dieser Scheißladn wenigstens zu Ende und der Sonnamd gerettet. Karle, bei dor nächsten Ibung kannste ruhsch wieder ne Fuchstiete mit paar Bluttflecken klaun!“ Ich steckte die Füchslein in einen anderen Beutel, lieferte sie beim Jagdleiter ab und freute mich auf die satte Prämie.

Der reife Winterfuchs, ein echtes Naturprodukt, vor der Balgung

Doppelschlag

16. Mai 1982 - Aufgang der Bockjagd. Ich muss sagen, man litt schon an Entzugserscheinungen und so freute ich mich auf diesen Tag. Schon am Vorabend fuhr ich in mein Pirschgebiet, übernachtete in meiner geräumigen Jagdkanzel und saß bereits vor Tau und Tag auf meiner Dreiecksleiter auf einem Sandsteinvorsprung oberhalb des lückig mit mannshohen Fichten bestockten Felsenkessels, der sich zu den Fluren von Porschendorf hin öffnete. Ein munteres Vogelgezwitscher kündigte den neuen Tag an Mit dem Hellerwerden schreckte rechts von mir in der Dickung ein Rehbock, der sich über irgend eine Störung aufregte. Mit dem Glas leuchtete ich die vergraste Talsohle zwischen den Fichten ab. Da stach mir ein höherer Heuhaufen aus vergilbtem Drahtschmielengras und braunem Adlerfarn ins Auge. Als der Bock erneut schreckte, sah ich eine Bewegung an dem Hügel. Beim genauen Hinsehen erkannte ich drei kleine, gestreifte und wenige Tage alte Frischlinge. Die niedlichen Kerlchen jagten sich um ihren Wurfkessel. Abseits lag eine schwache Überläuferbache auf der Seite und ließ sich ihr Gesäuge von der aufgehenden Morgensonne wärmen. Nach einer Weile erhob sie sich und brach im quelligen Grund nach Fraß. Da schreckte der Rehbock erneut, die Bache warf kurz auf, tat einen Grunzer und die Bühne war leer. Ob sich die Bande in ihren Kessel verzogen hatte, konnte ich nicht feststellen.

Ich sah kurz auf die Uhr, die kurz nach 5 anzeigte. Doch war da nicht gerade eine Bewegung an der Dickungskante? Da, ein graubrauner Fleck, Glas hoch! Ein älterer Bock mit eng gestelltem Gehörn, dessen Spitzen fast zusammenstießen, stand da wie aus Stein gemeißelt auf 80 Schritt. Den Drilling über das rechte Geländer, meine Schokoladenseite als Linksschütze, visierte ich. Der Schuss brach, als der Zielstachel auf dem Blatt saß. Im hohen Kraut sah ich kein Zeichnen des Bockes. Bald aber hielt mich nichts mehr auf dem Hochsitz. Ich lief auf dem Pirschweg zum Mittelweg zurück, umschlug den Felsenkessel und pirschte vorsichtig entlang der Dickung zum Anschuss. Da lag der Bock mit gutem Schuss an der Stelle, wo ihn die Kugel gefasst hatte. So konnte meine DW-Hündin „Kati“ weiter im Trabi ruhen. Am Gehörn zog ich den Bock zum Fahrweg, brach ihn auf und hängte ihn an einen Aststummel.

Inzwischen war die Zeit auf 7 Uhr vorgerückt. Auf der Dreiecksleiter hing noch mein Rucksack. So kraxelte ich die paar Sprossen wieder hoch, packte mein Frühstück aus und ließ es mir schmecken. Immer wieder zog es jetzt meinen Blick zum Wurfkessel hinunter. Da schob sich plötzlich das Gras beiseite. Die Bache erschien, stellte die Teller hoch und prüfte mit dem Wurf den Wind. Dann ließ sie sich auf die

Unsere Rehe im Frühling …

Seite fallen und die drei „Frösche“ spritzten herbei. Ein Bild für die Götter, wie sie die Milchquellen ihrer Mutter bearbeiteten.

Mit der Zeit meldete sich bei mir eine leichte Müdigkeit und mein Kinn sank ruckweise auf die Brust. Doch plötzlich, als es schräg hinter mir knackte, war ich wieder hellwach. Langsam drehte ich den Kopf nach hinten und mir verschlug es sinnbildlich den Atem. Da stand ein fast durchgefärbter, noch etwas struppiger und im Wildbret starker Rehbock auf 30 Gänge im Hang. Ein nach außen gebogenes, kräftiges Widdergehörn zierte sein Haupt. Wenn das kein Wink von Diana ist?, schoss es mir in den Sinn. Langsam griff ich zum Drilling, verdrehte mich verkrampft nach hinten und versuche auf der Rückenlehne aufzulegen. Mühsam gelang der Kraftakt. Mit mehr Schwein als Verstand wackelte ich den Schuss hin. Der Bock zeichnete gut und nach wenigen Fluchten verendete er in den Waldhimbeersträuchern.

Erst jetzt fing es mich an zu schmeißen und das Jagdfieber schüttelte mich durch. Am verendeten Bock angekommen, konnte ich mich an dieser einmaligen Trophäe kaum sattsehen. Meine Lohmener Mitjäger schüttelten in der kommenden Jagdversammlung über soviel Weidmannsheil ungläubig ihre Häupter und das Widdergehörn fand auch im Folgejahr auf der Kreistrophäenschau in Polenz rege Beachtung.

Zum Ende

Seit nunmehr über 30 Jahren jage ich in einem Pirschgebiet im westlichen Teil der Laußnitzer Heide auf Rot-, Reh- und Schwarzwild sowie gelegentlich auf den Winterfuchs. Aber die spannenden und schönen Jagderlebnisse im Karschwinkel am Rande der Sächsischen Schweiz bleiben mir in ewiger Erinnerung.

Mein erster (1968 o.) und mein letzter (1991 u.) im Karschwinkel gestreckte, jagdbare Rehbock

… und später die Rehe, hier in der Notzeit

Der „Widder-Schneider“

Mein Jagdfreund und Gönner Lothar P. aus Liebstadt verpasste mir mal den Namen „Widder-Schneider“, weil ich bei ihm von 1976 bis 1997 auf winterlichen Pirschgängen in den Hängen des Seidewitz- und Müglitztales so manchen Muffelwidder erlegte. Diese Erlebnisse waren und sind für mich in meiner langjährigen Jägerpraxis bleibende Erinnerungen. Sie forderten hohen körperlichen Einsatz und jagdliches Können. Nur wer mit der Lebensweise und dem Verhalten des Muffelwildes vertraut ist, stellt seine Bejagung darauf ein. Aber auch nicht jeder Pirschgang war von Erfolg gekrönt.

In den Sommermonaten wechselte das Liebstädter Muffelwild regelmäßig in die höheren Lagen des Osterzgebirges entlang der Müglitz bis in die Gebiete von Bärenstein, Lauenstein und Geising. So warteten wir immer gespannt auf den ersten Schnee und damit auf die Rückkehr der Muffel. Bereits 1976, als der Muffelwildbestand noch recht bescheiden war und die beiden Bäche, Müglitz und Seidewitz, als natürliche Grenzen von den Wildschafen nicht überschritten wurden, lud mich Lothar, bei dem ich im Vorjahr meinen bisher stärksten Rehbock in der Blattzeit erlegt hatte, auf einen Muffelwidder ein. Die Jagdzeit ging damals bis zum 31. März.

Nachdem ich mehrere Male am Lederberg vergeblich auf zwei ältere „Herren“ gepirscht hatte, versuchte ich mich jetzt in den Gründeln des Seidewitztales. Mein Bruder Roland, der frischgebackene Jungjäger, begleitete mich. Anfang März, es lag noch eine geschlossene Schneedecke, pirschten wir entlang der Waldkante vom Eichberg talabwärts durchs Schneckenmühlengründel, das Schneidergründel, das nach meinem Urgroßvater Julius S., Bauer aus Biensdorf, genannt ist, in Richtung Barackengründel.

Da bemerkte ich am bereits abgetauten Waldrand ein Rudel Muffelwild unter den Alteichen. Meinen Bruder legte ich hinter einer dicken Esche ab und schlich mich auf allen Vieren den Hang hinunter. Auf halber Höhe robbte ich hinter einen mächtigen Stubben und beobachtete mit meinem 10x50 das Rudel der für mich damals noch wenig bekannten Wildart. Das Leitschaf schien schon etwas mitbekommen zu haben und sicherte zu mir her. Langsam zogen die Schafe, Lämmer und gut veranlagten Jährlinge in den lichten Eichenniederwald. Und siehe da: Es folgte ein mittlerer Widder mit engem Dreiviertelkreisbogen und geringer Auslage, den ich auf 5 Jahre schätzte. Mit dem Gedanken im Hinterkopf: „Wer nichts riskiert, kommt nicht nach Waldheim (bekannter sächsischer Knast, in dem auch der Schriftsteller Karl May einsaß)“, machte ich mich zum Schuss fertig. Es dauerte geraume Zeit, bis ich den Widder im Rudel freihatte, ohne die anderen Tiere, die nach Eicheln plätzten, zu gefährden. Als ich das Blatt vor dem Sattelfleck mit dem Zielstachel fasste, betätigte ich den gestochenen Abzug. Der Widder floh ohne zu zeichnen talwärts und ich hörte nur noch wie er mit Gepolter über einen Felsvorsprung abstürzte. Meine erste Sorge galt der Trophäe, die durch den Sturz vielleicht stark beschädigt sein konnte. Ich winkte meinen Bruder heran und gemeinsam kraxelten wir den steilen Hang zum Anschuss empor. Dort fanden wir reichlich

Lungenschweiß. Meine damals halbjährige DW-Hündin Sola ruhte im Auto. Im Schnee verfolgten wir die Wundfährte bis zur Felskante. Unterhalb eines hohen Gneisbrockens lag der längst verendete Widder. Mit jugendlichen Sprüngen ging's hinunter und ich konnte meine Freude über meinen ersten Muffelwidder kaum bezähmen. Die Schnecken waren unversehrt und bei der roten Arbeit stellten wir verblüfft fest, dass die Muffelleber ja eine Galle hat. Wir hängten den Widder an einen stärkeren Ast und pirschten dann langsam zum Eichberg, wo der Trabi stand, zurück. Unterwegs bemerkte Roland am Mittelhang unter einer abgebrochenen Fichtenkrone einen Überläufer im Kessel, den die Muffeljagd nicht beeindruckt hatte. Ich sah, dass keine Frischlinge dabei waren und zischte: „Schießen!" Doch das längere Zielen hielt die Sau nicht aus und verschwand, von den noch grünen Ästen verdeckt, im Hang.

Beim Jagdleiter in Liebstadt angekommen wurde der Widder mit lobenden Blicken begutachtet, mein Bruder wegen der verpassten Sau gerügt und unser Wachtelfreund Friedrich E. in Nossen mit einem Anruf nach Liebstadt beordert. Der hatte kurz vorher auch einen Widder gestreckt. Danach ließ mich Lothar strammstehen. Mit den Worten: „Weidmanns Heil!, 5 Jahre alt und Güteklasse IIb", überreichte er mir den Erlegerbruch. Dann lief er aus seinem Jagdzimmer auf den Hof. Es war inzwischen später Nachmittag: „So und jetzt rücken wir ab in die Stadtschänke zum Gastwirt Schwenke. Ich habe einen entsetzlichen Durscht!" Wie ein Lauffeuer hatte es sich herumgesprochen, das der Schneider seinen ersten Widder erlegt hatte. So nach und nach erschienen Fritz E. und die Liebstädter Jäger, so dass sich die Kneipe bald füllte.

Jagdleiter Lothar P. r. begutachtet den gestreckten, starken Muffelwidder von Peter D.

Nach einer kurzen Rede von Lothar und dem nochmaligen Verblasen des Widders gab es ein kräftiges Abendbrot. In der Mitte der Tafel lag das zum Präparieren bis zum Brustkern abgeschärfte Haupt des Widders inmitten von Fichtengrün. Dann floss der Alkohol in Strömen. Meinem Bruder, der das auch nicht gewöhnt war, ging es zunehmend schlechter. so dass ich ihm vom Wirt Wasser anstatt Wodka einschenken ließ. Obwohl ich über 100 Mark einstecken hatte, musste ich mir nach Mitternacht, trotz der damals geringen Preise, noch mal die gleiche Summe von Lothar borgen, um die Zeche zu begleichen.

Fritz E. auf dem Sofa, mein Bruder und ich auf dem Fußboden, so nächtigten wir dann in Lothars Jagdzimmer so recht und schlecht bis zum zeitigen Morgen. Glücklicherweise hatte ich beim Feiern die Übersicht behalten, so dass ich nach dem Frühstück in der Lage war, die Heimreise über Helmsdorf anzutreten. Nun wollte es der Zufall, dass uns in Pirna - Copitz eine Streife der Verkehrpolizei aus dem Rennen winkte. Ich kurbelte die Seitenscheibe herunter. Der Volkspolizist nahm die Hand an die Mütze und grüßte: „Deutsche Volkspolizei, Hauptwachtmeister K., Verkehrs - und Alkoholkontrolle, Fahrerlaubnis und Zulassung bitte!“ Ich zückte meine Brieftasche und stieg aus. Da sah der zweite Genosse, der ins Fahrzeug blickte das Haupt des Muffelwidders auf dem Rücksitz liegen und rief: „Das is e Jächer, und was für e Vieh der geschussen hat!“ Sie vergaßen, wofür sie mich angehalten hatten. Ich musste das Haupt ausladen und über die Jagd in Liebstadt erzählen. Der Hauptwachtmeister überreichte mir meine Papiere, ohne einen Blick hineingeworfen zu haben und verabschiedete sich als Freund und Helfer mit: „Petri .. ach nein! Weidmanns Heil!“ Unsere Mutter in Helmsdorf war ziemlich sauer, da sie uns noch am Abend erwartet hatte und sich um unseren Jüngsten Sorgen gemacht hatte. Ohne Telefon war man damals eben nicht erreichbar. Mit dem Widderhaupt fuhr ich am nächsten Tag zu unserer „Leib- und Magenpräparateurin“ Rosi B. nach Züllsdorf bei Torgau, die ich bereits aus der Zoologie von der Forsthochschule Tharandt kannte, in der sie früher tätig war.

Mein erster Muffelwidder

PKW-Anhänger waren in der DDR fast ebenso gefragt wie die dazugehörigen Autos. In der Nähe von Meißen gab es bis zur Wende einen Handwerksbetrieb, der den HP 500 mit Holzaufbau, Drehstabachse sowie mit Plane und Spriegel produzierte. Längere Wartezeiten und die gute Qualität der Hänger öffneten dem Kleinunternehmer H. viele Tore und Türen. Er hatte er natürlich auch viele Neider auf seiner Seite.

Anfang der 80er Jahre entdeckte Jürgen H. nun auch die Jagd für sich, mit der er so herrlich repräsentieren konnte. Die Jagdeignungsprüfung legte er aber nicht wie alle heimischen Anwärter bei uns im Bezirk Dresden ab. Nein, er tauchte eines Tages mit der Urkunde über die bestandene Prüfung aus einem Kreis des Bezirkes Neubrandenburg auf. Wo er die zweijährige Pflichtausbildung absolviert hatte, verriet er uns nicht. So stellte ihm die Kreisjagdbehörde Meißen wohl oder übel die Jagderlaubnis aus. Böse Zungen behaupteten: „Da werden bestimmt paar Anhänger mit nach dem Norden gerollt sein.“ Es dauerte auch nicht lange, als er von der Witwe eines verstorbenen Jägers dessen alte Kugelwaffe „vererbt“ bekam. Diese ließ er verschrotten und sich dafür in Suhl eine Bockbücksflinte mit Bockflintenwechsellauf und allen erdenklichen Extras, wie Gold und Perlmutteinlagen, bauen. Seinem Charakter entsprechend prahlte er mit dieser Waffe natürlich vor seinen Mitjägern, was auch „böses Blut“ schürte. Aber das störte den Jungjäger weniger.

Eines Tages im Winter rief mich Lothar P. aus Liebstadt an: „Ich bekomme einen Jagdgast aus Meißen, der bei mir einen Muffelwidder schießen soll. Da habe ich mir gedacht, dass du ihn führen könntest, weil du dich in meinem Jagdgebiet besser auskennst, als viele meiner Jäger. Er holt dich zu Hause ab und bringt dich nach der Jagd auch wieder heim." Da mich diese Aufgabe reizte, willigte ich ein. Pünktlich stand Jürgen H. mit seiner unverwechselbaren, gewellten Lockenmähne vor meiner Haustür und wir fuhren bei sonnigem Winterwetter über Pirna nach Liebstadt. Dort wurde erst mal über die Lieferung eines Anhängers verhandelt. Als Jürgen die unvergleichlichen Trophäenwände in Lothars Jagdzimmer betrachtete, fielen ihm fast die Augen aus dem Kopfe.

Jürgen H., wie wir ihn kannten und „sein" Widder

Nach einer kurzen Belehrung schickte uns Lothar zum Rodeberg, wo ein größeres Muffelwildrudel seinen Einstand haben sollte. Die Feldwege waren stark verweht und Jürgen quälte seinen Lada-Niva Meter für Meter durch den verharschten Schnee bis die Kupplung zu stinken begann. Auf freier Fläche ließen wir das Auto stehen. Ich hatte vor, mit ihm nun einen ausgedehnten Pirschgang zu unternehmen. Doch das war dem etwas kurzläufigen und nicht gerade schmächtigen Handwerksmeister nicht nach seinem Geschmack. Er wollte sich ins Auto setzten und ich sollte ihm die Muffel, die uns schon mitbekommen hatten, zutreiben. Ich aber verbot ihm den Schuss aus dem Auto ausdrücklich. J. zog sich deshalb seinen neuen Mantel über und ich setzte ihn in eine kleine fahrbare Jagdkanzel, die an einem Feldgehölz stand.

Dann stapfte ich in den Rodeberg und schärfte ihm noch ein, dass ich ihn in einer Stunde aus der gleichen Richtung wieder abhole. So richtig geheuer war mir der ganze Laden nicht.

Das Rudel, bei dem sich zwei mittelalte Widder befanden, war in eine Schlenke gezogen und plätzte die Rapssaat frei. Mit Wind rührte ich das Rudel an und die ca. 20 Tiere bewegten sich gemächlich aufs freie Feld hinaus in Richtung des Jagdgastes. Und da knallte es auch schon zweimal kurz hintereinander. Im Glas konnte ich sehen, wie Jürgen, der die Kanzel verlassen hatte von der Ladefläche des Anhängers wild mit den Armen fuchtelte. Von weitem schrie er mir zu: „Ich habe zweimal auf einen kapitalen Widder geschossen!“ Ich stapfte heran, versuchte ihn zu beruhigen und ließ mich zum Anschuss einweisen. Der lag weit über 100m und war vom Rudel völlig vertrampelt. Keinerlei Schusszeichen wie Schweiß oder Schnitthaar waren zu finden. So rammte ich meinen Haselstock in den tiefen Schnee und band mein buntes Taschentuch daran. Dann folgten wir dem Rudel auf dem Wechsel am Mittelhang fast bis zum Eichberg. Jürgen dampfte wie ein Walross und war am Ende seiner Kräfte. Unverrichteter Dinge brach ich das Unterfangen ab und wir fuhren nach Liebstadt. Lothar, genannt der „Dicke“, machte seinem Unwillen Luft und verpasste J. einen derben Rüffel.

Zu Hause ließ mir die Sache keine Ruhe, so dass ich am nächsten Tag, einem Sonntag, noch mal allein nach Liebstatt startete. Der Schütze hatte leider keine Zeit.

Schon von weitem grüßte mich mein Pirschstock mit der bunten Fahne, den ich am Vortage vergessen hatte. Mit meiner Sola untersuchte ich nochmals sehr gewissenhaft den Anschuss. Plötzlich tauchte die Hündin ihren Kopf in den tiefen, aufgewühlten Schnee und kaute auf einen harten Gegenstand herum. In der Annahme, es sei ein Knochensplitter, öffnete ich ihr den Fang und förderte ein daumennagelgroßes Stück Horn zutage. Das steckte ich in meine Geldbörse und an der langen Leine zog der Hund nun zum Rodeberg hin. Als wir über eine Kuppe traten, stand plötzlich ein Widder auf 80 Schritt spitz von uns weg und schaukelte eigenartig mit dem Haupt. Im Glas erkannte ich, dass er links nur einen halben Schlauch hatte. Ich zog Sola heran und ging im Schnee in Stellung. Da hatte er uns auch schon eräugt. Als das Fadenkreuz schräg-spitz hinterm Blatt stand, ließ ich fliegen. Auf den Schuss riss es den Widder herum und nach wenigen Fluchten rutschte er ins Weiß des Winters.

Jürgen hatte ihm die linke Schnecke knapp zur Hälfte abgeschossen. Der schweißige Stirnzapfen lag frei. Die anschließende Suche nach der Resttrophäe im hohen Schnee verlief trotz mehrmaligem Verweisen der Hündin ergebnislos. Vielleicht hatte sie auch ein Fuchs bereits verschleppt? Lothar dankte mir für meinen Einsatz, als ich ihm am Nachmittag den erlegten, mittelalten Widder brachte.

Am Abend berichtete ich Jürgen telefonisch von der erfolgreichen Nachsuche und sagte ihn, das er sich das abgeschlagene Muffelhaupt bei mir abholen kann. Das verneinte er mit folgendem Satz: „Es steht ja gar nicht fest, dass es mein Schuss war, der den Schlauch abgerissen hat. Da schieße ich eben später mal einen anderen und besseren Widder. Und im Übrigen habe ich seit heute noch anderen Ärger mit der Jagd am Hut.“

Er hatte eine Woche vorher im Jagdgebiet Rehefeld einen jüngeren Rothirsch gestreckt und in seiner großspurigen Art das aufgebrochene Tier auf das Niva-Dach geladen und verzurrt. Mit dieser Fuhre rollte er, anstatt zur Kühlzelle des Staatlichen Forstwirtschaftsbetriebes in Dippoldiswalde, nach Meißen . Dort drehte er mit seinem schweißverschmiertem Auto und dem Hirsch auf dem Dach mehrere Ehrenrunden durchs Stadtzentrum. Das löste nicht nur die Bewunderung seines Bekanntenkreises sondern auch Verärgerung bei so manchem Bürger aus. Dafür musste der „Großkotz“, wie zu hören war, bei der Ordnungsbehörde Rede und Antwort stehen. Er kam aber mit einem „Blauen Auge“ davon.

Nun hat ja jeder Mensch auch seine guten Seiten. So teilte mir Jürgen eines Tages mit, dass er einen neuen Lada-Niva bekommt. Da er wusste , dass wir für die Bezirksjagdbehörde ein Fahrzeug suchten, verkaufte er den Gebrauchten an die DHZ (Deutsche Handelszentrale) nach Radebeul. Dort mussten wir für den 6 Jahre alten, viel Sprit fressenden Schlitten einen Aufpreis von 4000 Mark über dem Taxpreis hinblättern, da diese Fa. ja auch leben musste. Viel Freude hat uns die Karre nicht gebracht. Sie wurde kurz nach der Wende verschrottet. Dagegen läuft ein von mir bei H. später privat gekaufter Pkw-Anhänger noch heute, nach über 30 Jahren noch ohne gravierende Mängel.

Die von mir präparierte Trophäe des genannten Muffelwidders stiftete ich den Meißner Jägern. Sie schmückt seit Jahren die Jagdhütte des Jagdgebietes, in dem Jürgen H., der nun schon viele Jahre in den ewigen Jagdgründen ruht, vor der Wende offiziell die Jagd ausübte.

***

Am 02.November 1985 lud Lothar P. zur, um einen Tag vorgezogenen, Hubertusjagd nach Liebstadt ein. Doch das nahm ihm der Schutzpatron der Jagd übel. Zur Belehrung hatte sich alles, was als Jäger oder Treiber bei ihm Rang und Namen hatte, auf dem kleinen Hof hinter seinem Hause versammelt. Nach der Begrüßungsrede in seiner kernigen und für uns gewohnten Art rückte die Jagdgesellschaft ins Gebiet um Großröhrsdorf aus und die Jäger wurden auf dem Eichberg, dem Lederberg, dem Grauberg, dem Rodeberg, auf der Langen Brücke und in den Hängen im Müglitz- und Seidewitztal angestellt. Alle Beteiligten waren guter Dinge, denn die Liebstädter Jagden waren immer etwas Besonderes, auf das man sich schon lange freute.

Doch an diesem Tage machte uns das Wetter einen bösen Strich durch die Rechnung. Kaum hatte das riesige Treiben begonnen, setzte Sturm und Schneeregen ein. Die Treiber und die geschnallten Stöberhunde brachten die Sauen nicht auf die Läufe, die Muffel schienen noch in den Sommereinständen zu stecken und das Rehwild, Lothars Lieblingswildart, hatte er nur sehr restriktiv freigegeben. Da traute man sich wirklich nur auf Kitze zu schießen, um einer späteren Reformante aus dem Wege zu gehen. So verging die Zeit recht träge. Jäger und Treiber warteten durchnässt und frierend sehnsüchtig auf das Ende der Jagd.

Und wie kaum zu glauben, hörte man scheinbar wegen des starken Windes und der inzwischen schallschluckenden Schneedecke nicht einen Schuss. Missgestimmt zogen die Weidgenossen und Jagdhelfer am frühen Nachmittag in den Gasthof Großröhrsdorf. Der „Dicke“ empfing die Meute in übler Laune, da auch nicht einer ein Stück Wild mitbrachte. Er grunzte: „So eine Sauerei, ich hatte mindestens mit 10 Sauen gerechnet!“ Dann wurde das Essen gebracht und die nötigen Getränke serviert. Da besserte sich auch seine Laune zusehends.

Da nicht ein einziges Stück Wild zur Strecke gelegt und verblasen werden konnte, stand Lothar nach dem Essen auf , bat um Ruhe und sprach: „ So, da uns das Wetter die Hubertusjagd versaut hat, kann jeder, der jetzt noch Zeit und Lust hat, bis zum Dunkelwerden ansitzen oder pirschen." Ich blickte in die Runde. Keiner meldete sich und ich wollte in dem Moment auch nicht vorprellen, obwohl mir der Sinn schon nach einem Pirschgang in die vom Westwind abgewandten Seidewitzhänge stand. Lothar schwoll die Zornesader auf der Stirn und er schrie mich an: „Heh Friedorsch, bist du krank, oder willst du dich heute hier vollaufen lassen? Ich brauche Wild, mindestens ein Reh, das ich bereits für heute Abend einem Bekannten versprochen habe!" Ich schmunzelte ihn an und fragte: „Was habe ich frei?" „ Dumme Frache, du alles!", freute er sich. Ich nickte , bestellte mir noch ein Kännchen Kaffee und dachte mir: „Ehe du hier noch bis in die Nacht in dem Mief mit rumhockst, siehst du lieber draußen nach dem Rechten. Als ich mich erhob und über den Saal lief, rief mir Peter D. aus Meißen nach: „Na dann Weidmanns Heil und fette Beute!"

Ich stieg in den Trabi. Meine beiden Wachtelhunde auf dem Rücksitz freuten sich. Der Sturm hatte sich fast gelegt und es schneite in großen Flocken gemächlich vom Himmel. Mein Weg führte mich auf den Eichberg, wo ich mein Auto in der Nähe der reichlich mit Apfeltrester und Maissilage beschickten Ablenkfütterung abstellte. Ich schlüpfte in die leichten tschechischen Gummistiefel, warf mir den Drilling über die Schulter und verschloss den Trabi. Die Hunde blickten mir traurig nach. Da sie mich bei der Pirsch eher behindert hätten, blieben sie im trockenen Auto.

Kein Laut zerriss den nachmittäglichen Frieden in dieser begnadeten Landschaft. Ruhig stapfte ich durch die kleinen Feldgehölze in Richtung Rodeberg. Dabei stellte ich mir die armen, feiernden Zecher im verrauchten Gasthaus vor. In weiterer Entfernung äste ein Sprung Rehe auf dem Winterroggen. Doch dahin kam man ohne Deckung nicht. Die Turmuhr der Kirche von Burkhardswalde schlug 3 mal, als ich ins Schneider-Gründel einbog. Vorsichtig schob ich mich an der Eichenwaldkante entlang, um in einen Wieseneinschnitt zu blicken. Da, eine Bewegung. Ein Reh schob sich auf die Wiese am Gegenhang. Es war ein starker Bock, der bereits abgeworfen hatte. Als er mehrmals aufwarf und nach hinten äugte, ließ ich mich auf die Knie fallen und machte den Drilling schussfertig. Es folgten Ricke mit weiblichem Kitz. Beide trauten dem Frieden nicht so recht und verhofften paar Minuten im Bestand. Dann zogen sie auf die Freifläche. Als das Kitz breit stand, rechten Ellenbogen aufs rechte Knie und das Ziel4 ans linke Auge. Im Schuss sprang das Reh schräg nach oben und rutschte nach zwei Fluchten in den nassen Schnee. Hochflüchtig gingen die beiden anderen Rehe ab und verschwanden dort ,wo sie ausgewechselt waren. Ich versorgte das gestreckte Stück, hängte es in einen Eschenbusch und freute mich, Lothars Befehl ausgeführt zu haben.

Dann bummelte ich weiter durch den Grund zur Schneckenmühle. Es dämmerte bereits. Auf halber Höhe tat sich vor mir die mit alten Apfelbäumen bestockte Streuobstwiese auf. Ich nahm das Glas an die Augen und leuchtete die gegenüberliegende Waldkante ab. Dort hatte das Schwarzwild ganze Arbeit geleistet und den Rasen flächig umgedreht. Ein schwarzer Fleck ließ mich zusammenzucken. Etwas am Mitteltrieb gedreht, erkannte ich einen starken

Muffelwidder. Das Adrenalin schoss in die Blutbahn und mein Herz pochte vernehmbar. Die Entfernung war für einen sicheren Schuss zu groß, kein Kugelfang und auch kein Baum zum Anstreichen in der Nähe. So hieß es, sich erst mal zu beruhigen.

Und da trat ein zweiter, reifer Widder mit enger Basisrillung hinzu. Mein Gedanke; „Den , und keinen anderen!“ Ich legte mich in den nassen Schnee, als beide Widder unter einen Apfelbaum zogen und die halbverfaulten Früchte schmatzten. Nach gut 5 Minuten wechselten sie in aller Ruhe weiter auf mich zu. Doch plötzlich schienen sie etwas mitbekommen zu haben und äugten wie ein Pferdegespann beide nach mir. Der Stachel des Zielfernrohrs stand längst auf dem Stich des Auserwählten. Im Schuss drehte er und polterte talwärts bis in den Gründelbach. Der andere verhoffte kurz an der Waldkante und verschwand lautlos im Halbdunkel des Novembernachmittags.

Der starke Widder von der Schneckenmühle

Am erlegten Widder angekommen, konnte ich mein Weidmannsheil noch gar nicht fassen. Nach dem Aufbrechen erhielt er den „Letzten Bissen“ und dann schleifte ich ihn im Schnee hangabwärts bis zur Talstraße. Dort verblendete ich ihn mit meinem Rollkragenpullover. Dann kraxelte ich nach oben auf den Eichberg und fuhr auf dem Feldweg das Kitz holen. Meine beiden Hündinnen bekamen das Herz, dass sie mir einem Ruck verschlangenen. Auf der Seitenhainer Straße ging‘s ins Tal zum Widder und dann mit der Strecke nach Großröhrsdorf. Im Gasthof herrschte noch reges Treiben. Der Alkohol sorgte für die nötige Lautstärke bei der angeregten Unterhaltung. Einen handlangen Schützenbruch hatte ich vorsorglich aus der kleinen Fichtendickung an der Schneckenmühle mitgenommen, aber noch nicht an den Jagdhut gesteckt.

Lothar, der gegenüber der Saaltür saß, bemerkte mein Eintreten und sprang auf. Wie auf Kommando verstummte der Lärm, als er rief und auf mich zeigte: „Dort kommt dor Friedorsch und der hat Strecke gemacht! Das sehsch an seinen schweesschn Pfotn. Los berischte uns!“ Ich sagte äußerlich ruhig, obwohl mir das schwer fiel: „Mitkommen auf den Hof vor die Kneipe.“ Im Nu war der Saal leer und die gute Hälfte der am Morgen ausgerückten Weidmänner und auch die Obertreiberin Carola traten an meine, unter eine Blaufichte, gelegte Strecke. Ich konnte mich vor Händeschütteln und den Glückwünschen kaum retten. Der „Dicke“ strahlte wie eine Fettbemme, und überreichte mir mit einem herzlichen „Weidmanns Heil!“ den mitgebrachten, von ihm in zwei Teile getrennten, Erlegerbruch. Nach den Signalen - Muffel- und Reh Tot - war inzwischen Abendbrotzeit und es wurde dann auch für mich noch ein langer Abend. Beim Verabschieden umarmte mich Lothar und bedankte sich gerührt mit den Worten: „Du hast die Hubertusjagd gerettet, ‚Weidmanns Dank‘!“ Ich dankte ihm für das herrliche Pirscherlebnis, schärfte das Haupt des Widders ab und machte mich auf den Heimweg.

Und wieder durfte ich einen Widder verblasen

Der Einheitsspießer

1990. Mit Riesenschritten näherte sich der Tag der Deutschen Einheit und mein 50. Geburtstag. Zu Beginn der Rotwildbrunft begab ich mich zum „ungekrönten König" der Hinteren Sächsischen Schweiz, dem Rotwildpapst Heinz K.. Vorher hatte ich mich zum Abend- und Morgenansitz bei meinem Studienkollegen und Revierförster Gerhard S. im Zeughaus zur Übernachtung auf dem Bergsteigerboden angemeldet. Hirsch-Heinzel empfing mich an seiner Wohnung am Stadtrand von Sebnitz und bat mich in sein Arbeitszimmer. Dort waren alle vier Wände mit besseren Hirschgeweihen bis fast zur Scheuerleiste herunter tapeziert, so dass mein Blick immer wieder zu den Trophäen schweifte. Wir besprachen Fragen zur künftigen Schalenwildbewirtschaftung, die in der nahen Zukunft erst mal in den Sternen stand und teilten uns die Sorgen mit, die das künftige Jagdwesen für uns bringen würde.

Heinz K. (Hirsch-Heinzel), ahnt er bereits Schlimmes?

Um gewissen Machenschaften und Schiebereien mit Hirschabschüssen in seinem Jagdgesellschaftsbereich, Heinz war der Vorsitzende der Jagdgesellschaft Hinterhermsdorf, vorzubeugen, hatte er festgelegt, dass bis zum In Kraft Treten des Sächsischen Landesjagdgesetztes Rothirschabschüsse, bis auf Schmalspießer, für Jagdgäste tabu sind. Da er wusste, dass ich mich im Revier Zeughaus zur Jagd angemeldet hatte, schärfte er mir ein, dass diese Regelung auch für mich als Jagdreferenten der Bezirksjagdbehörde und Mitglied der Jagdgesellschaft Stolpen, obwohl im gleichen Landkreis, gilt. „Es tut auch nichts zur Sache, dass du in vier Wochen deinen 50. Geburtstag begehst. Versuche Kahlwild, Sauen oder einen schwachen Spießer bis Lauscherhöhe zu erlegen", belehrte er mich.

Auf der Fahrt zum Zeughaus fiel mir meine Jägerprüfung, bei der ich bei ihm fast durchgerauscht wäre und meine Jagdreferentenzeit im StFB Sebnitz ein, als ich einmal seine fehlerhafte Abschussmeldung mit einem Rotstift korrigiert hatte. „Aber was soll's?", dachte ich mir. Am liebsten wäre ich stehenden Fußes in mein Jagdgebiet nach Lohmen gefahren und hätte mich auf Rehwild angesetzt. Da aber Gerhard auf mich wartete, freute ich mich auf den Besuch bei ihm und auf das Brunfterlebnis in der Felsenwelt am Zeughaus.

Gerhard empfing mich freudig und teilte mir mit, dass in der Nähe ein alter Vierzehnender brunftet. Als ich ihm daraufhin mitteilte, was sein Vorsitzender festgelegt hatte, sagte er: „Dann schießt du eben den Hirsch auf meinen Namen." Doch das kam für mich nicht infrage.

Zum Abendansitz bezog ich auf einer Felsrippe am Langen Horn nahe der tschechischen Grenze einen kaum 2m hohen Leitersitz zwischen tiefbeasteten Fichten. Ein kühler sonniger Herbstabend ließ die Alltagssorgen, besonders auch meine Weiterbeschäftigung im Forst, der damaligen Zeit schnell vergessen. Als die Sonne seitlich des Teichsteins versank, knackte es hinter mir. Vorsichtig drehte ich den Kopf. Zwischen mehreren Fichtenkuscheln zeigte ein mittlerer Achterhirsch seine weiß polierten Krebsscheren. Hin und wieder den Wind prüfend wechselte er seitlich eine Schlucht hinab und verschwand ins Tschechische. Von dort meldete er kurz mit suchender Stimme. Den hätte ich natürlich gern erlegt.

Nach einer reichlichen Viertelstunde vernahm ich erneut ein Geräusch hinter mir, das in einem Krachen und Peitschen endete. Ein Hirsch schlug eine junge Fichte zusammen, dass die Fetzen nur so flogen. Dazwischen orgelte er mit zorniger Stimme in Richtung des voraus gewechselten Achters. Als er dann den gleichen Wechsel durch die Schlucht annahm, konnte ich ihn sicher als mittelalten, ungeraden Eissprossenzehner ansprechen.

„Das wird ja immer besser“, sinnierte ich. Aber Disziplin ist nun mal oberstes Gebot! Und schon krachten außer Landes, für mich nicht mehr sichtbar, die Geweihe der beiden Abschusshirsche aneinander. Als ich beim Abendbrot Gerhard von diesem spannenden Erlebnis berichtete, schüttelte er über die verpassten Gelegenheiten mit dem Kopf. Unruhig schlief ich auf einer durchgelegenen Bergsteigerpritsche im Nachbarhaus und verließ vor Tau und Tag das Quartier. Nahe des Zeughauses in südlicher Richtung kletterte ich auf einer langen, an einen Felskegel gelehnten Leiter auf den Gipfel nach oben und bezog auf einer Sitzbank Stellung. Von dort aus tat sich am Gegenhang ein licht bestocktes Fichtenaltholz mit reichlicher Naturverjüngung vor mir auf. Hier sollte der Vierzehnender mit Alttier Kalb und Schmaltier wechseln. Ich machte es mir bequem, lud den Drilling und trank einen Schluck heißen Kaffee aus der Thermosflasche. Aus weiterer Entfernung meldeten zwei Hirsche. Schnell kündigte sich ein strahlender Morgen an. Letzte Nebelfetzen verzogen sich in die Lüfte. Plötzlich ein verhaltenes Knören am Oberhang. Aus der Fichtenverjüngung schob sich das greise, knochige Haupt eines Alttieres. Nach kurzem Verhoffen wechselte es parallel zum Hang auf eine Blöße. Dann sprangen Kalb und Schmaltier hinterher und alle drei ästen die noch grüne Drahtschmiele. Doch plötzlich krachte es im Dickicht. Das Schmaltier polterte hangabwärts und hinter ihm ein alter, starker Hirsch mit beidseitiger Krone im Geweih. Unmittelbar am Talweg verhofften die Beiden, bevor das Treiben weiterging. Zügig verschwanden sie wieder in den Fichten. Ich sah nur noch die Kronen des vermeintlichen Vierzehnenders. Das Brunftrudel entfernte sich zum Großen Thorwald hin und ich genoss den herrlichen Morgen.

Doch war da nicht wieder eine Bewegung an der Blöße? Ein feuerroter Wildkörper schob sich im gleißenden Sonnenlicht ins Freie. Glas hoch. Ein schwacher Rothirsch mit lauscherhohen, teilweise gefegten, dünnen Spießen verhoffte und äugte dem Rudel nach. Langsam hob ich den Drilling, entsicherte. legte auf der Schussleiste auf, stach ein, zielte und heraus war der Schuss. Den Schmalspießer riss es im Knall herum und kopfüber flüchtete er gezeichnet ins Tal.

Schmalspießer mit meiner Hündin „Kati“

Als die Zeit meiner Rückkehr heran war, kraxelte ich die hohe Leiter hinab, lief um den Felsen und stolperte fast über das neben dem Wege liegende verendete Hirschlein. Das Echo von -Hirsch Tot- schallte von den umliegenden Felswänden mehrfach wider. Nach einen zünftigen Frühstück im Forsthaus versorgten wir den Hirsch und hängten ihn in die Waschküche.

Nachdem ich das Haupt abgeschärft hatte, trat ich den Heimweg an. Auf der Rückfahrt konnte ich es mir aber nicht verkneifen, nochmals bei Heinz K. vorbeizufahren. Schon über den Gartenzaun rief er mir zu: „Na, du warst nun wohl doch noch im Revier Zeughaus zur Jagd? Hattest du Anblick, oder bist du etwa gar zu Schuss gekommen?“ Daraufhin setzte ich mir den mit dem Erlegerbruch geschmückten Jagdhut auf den Kopf und antwortete lächelnd: „Ja, und ich habe einen kapitalen Hirsch gestreckt!“ Da erblasste Hirsch-Heinzel und er schrie mich an: „Ich hatte dir doch ausdrücklich verboten, einen starken Hirsch zu schießen! Das hat ein Nachspiel, darauf kannst du dich verlassen. Ich rufe nachher sofort deinen Chef in Dresden an. Nein, so eine Disziplinlosigkeit!“ Vor sich hin blubbernd marschierte er den Gartenweg auf und ab. Dann blieb er plötzlich stehen und knirschte: „Wo ist das Haupt des Hirsches?“ Ich darauf: „Das liegt hier im Kofferraum meines Niva.“ K. eilte durch die Gartentür, riss die Heckklappe auf, meine DW-Hündin Kati knurrte ihn an und er entdeckte das Spießerchen. „Verscheißern kann ich mich alleine!“ Ein Lächeln huschte nun über sein Gesicht und seine Laune verbesserte sich schlagartig. Er bat mich, wie am Vortage, in sein Arbeitszimmer. Bei einer Tasse Kaffee erzählte ich ihm das Erlebte mit dem Achter, dem Eissrossenzehner und dem Brunftrudel mit dem starken Vierzehnender.

Bei der Verabschiedung sprach er dann in väterlichem Tone: „So ein Jagdvergehen hätte ich dir ja auch nicht zugetraut und wenn ich es mir jetzt richtig überlege, hättest du den Achter oder den Eissprossenzehner schießen können. Ich hätte ihn dann auf meinen Namen verbucht.“

Ich verabschiedete mich, dankte für den Kaffee und winkte ihm noch aus dem Auto zu. Im Stillen resümierte ich: „Ja, im Nachgang, wenn die Gelegenheiten verstrichen sind, werden manche Leute sogar großzügig.

Im Übrigen wurde der starke Vierzehnender trotzdem Tage später von dem Jagdgast Herbert H. aus Meißen, der viele Jahre Rüben ins Rotwildgebiet geliefert hatte, gestreckt. Gerhard S. und der Erleger handelten sich daraufhin auf der Trophäenschau im Frühjahr 1991 in Polenz noch eine harsche Kritik von Hirsch-Heinzel ein. Wenige Wochen später trat das Sächsische Landesjagdgesetz in Kraft und Heinz K. verlor seine langjährige Macht über die Hirsche der Hinteren Sächsischen Schweiz.

Jagdwende

Immer dann , wenn sich eine Gesellschaftsordnung in Deutschland, aus welchen Gründen auch immer, grundlegend geändert hatte, gab es auch einschneidende Veränderungen im Jagdwesen.

Habe ich das 1945 als Fünfjähriger nur so nebenbei mitbekommen, so war ich 1989/90 als Jagdreferent und Sekretär des Jagdbeirates der Bezirksjagdbehörde Dresden, als Mitglied der Jagdgesellschaft Stolpen, danach als Jagdreferent der obersten Jagdbehörde im Sächsischen Staatsministerium für Umwelt und Landwirtschaft und auch als Jäger tiefgreifend mitbetroffen.

Als im Herbst 1989 die politische Wende in der DDR bereits sichtbar wurde, bedienten sich einige „Jäger“ des Politbüros der SED in ihren Staatsjagdgebieten noch mal in derartig unverschämter Weise, die selbst den letzten deutschen Kaiser und den späteren Reichsjägermeister teilweise in den Schatten stellte. Das löste nicht nur in der DDR-Jägerschaft, sondern auch bei loyalen Staatsdienern des Forst- und Jagdwesens Zorn und Empörung aus. Nicht wenige Bürger sahen der Entwicklung mit Sorgen entgegen. In dieser wirren Zeit erhielt ich den Auftrag, eine Bezirksjagdkonferenz zu organisieren.

Für Sonnabend, dem 11. November 1989, es war kein Faschingsscherz, luden wir 350 Weidgenossen und Gäste ins Kreiskulturhaus nach Bischofswerda ein. Der Personenkreis setzte sich zusammen aus: Jagdleitern, Jagdgesellschaftsvorsitzenden, Jagdbeiratsmitgliedern, Aktivleitern für Wildbewirtschaftung, Sicherheit und Ordnung, Ausbildung und Schulung, Wettbewerb, Jagdliches Brauchtum und Jagdhundewesen, Vertretern der Obersten Jagdbehörde Berlin, der Bezirksjagdbehörde Dresden, der Kreisjagdbehörden, der Staatlichen Forstwirtschaftsbetriebe und der Jagdwissenschaft aus Eberswalde und Tharandt. Ich hatte dazu den Entwurf für das Hauptreferat, das bereits auch kritische Punkte enthalten sollte, die früher undenkbar gewesen wären, zu erarbeiten. Nach der umfangreichen Rede waren die Auszeichnungen mit der Großen Goldenen Ehrennadel und Ehrenurkunden durch die Oberste Jagdbehörde Berlin sowie eine ausgiebige Diskussionszeit vorgesehen.

Als am Abend des 09. Novembers die Berliner Mauer geöffnet wurde, sollte ich am kommenden Tage die Konferenz plötzlich absagen und alle Jäger und Gäste wieder ausladen. Diesen Auftrag konnte ich meinem Chef, Oberlandforstmeister B., glücklicherweise ausreden. Etwas entnervt sagte er noch: „Dann nimm du wenigstens die Große Goldene Ehrennadel entgegen, mit der ich geehrt werden soll.“ Da ich für diese Auszeichnung nicht vorgesehen war, lehnte ich das Angebot dankend ab.

Obwohl man bereits bei der Eröffnung merkte, dass die Veranstaltung den Charakter einer Abschiedsfeier trug, verlief die Konferenz in geordneten Bahnen. Aber von einigen Diskussionsrednern, von denen man es am wenigsten erwartet hätte und die jetzt die „Flucht nach vorn“ antraten, gab es unsachliche Angriffe auf langjährige, verdiente Weidgenossen. Im Mittelpunkt dabei standen Jagdwaffenfreigaben, Trophäenträgerabschüsse und andere Privilegien.

Zum Ende der Veranstaltung hielt der hochgewachsene, dunkelhaarige Gast aus Eberswalde, Prof. Dr. S. eine kurze Abschlussrede, die er mit dem zündenden Satz beendete: „Liebe Weidgenossen, wir leben in einer sehr schwierigen Zeit, in der der Klassengegner alles versucht, auch unsere Jagd zu zerstören. Wenn jetzt vieles den Bach runtergeht, seien Sie versichert, die Jagdgesellschaften, als eine der wichtigsten und besten Errungenschaften der Jäger der DDR, lassen wir uns von den künftigen Machthabern nur mit Gewalt aus den Zähnen reißen!" Dafür erntete er großen Beifall. Doch die Geschichte hat uns Jäger später eines Besseren gelehrt.

Das letzte Treffen der Bezirksjagdreferenten der DDR 1990 in Drei-Annen- Hohne/Harz (v.l.: Schöffel, Strobel, Hartung, Fr. Neumärkel, Unbekannt, Trömer, Verf., Buchweitz, George, Jurk, Beyer, Krüger Dr. Dittrich, Mantay, Wilhelm). Kühnapfel, Jonscher Ueckermann, Keil, Berge und die Vertreter der Obersten Jagdbehörde Berlin fehlten bereits.

So verging das Jahr 1989 und im neuen Jahr 1990 begann sich die sächsische Jägerschaft zu formieren. An die Spitze stellten sich dabei, wie auch in benachbarten künftigen Bundesländern,, Jagdwissenschaftler, Veterinäre und Forstleute, die eine schnelle Gründung der Landesjagdverbände forderten. Unterstützung erhielten sie dabei von den westdeutschen Partnerländern. In Sachsen waren das Bayern mit Dr. F. und Baden-Württemberg mit Landesjägermeister N. an der Spitze. Bei den Sondierungsgesprächen hatte man leider manchmal den Eindruck, dass deren Hilfe von oben herab erfolgte und auch nicht immer uneigennützig war.

Bereits im Mai 1990 fand die Gründungsveranstaltung des Landesjagdverbandes Sachsen e.V. im Gasthaus „Zum Ross", das heute nicht mehr existiert, in Ottendorf-Okrilla statt. Die Organisation der Tagung lag in den bewährten Händen des Hermsdorfer Jagdleiters Manfred F.. Von der noch tätigen Bezirksjagdbehörde Dresden, sorgte ich mit einer Ausstellung der Spitzentrophäen des Rot-, Dam-, Muffel-, Reh- und Schwarzwildes des Jahres 1989 für eine zünftige Umrahmung der Veranstaltung.

Nach einer kurzen Begrüßung durch die Organisatoren hielt der damalige Präsident des Deutschen Jagdschutzverbandes e.V. Dr. F. die Hauptansprache mit allen wichtigen Inhalten für den künftigen Landesjagdverband und seine Mitglieder. Dabei konnte ich in den Gesichtern der Delegierten neben freudiger Zustimmung auch viele besorgte Minen erkennen. Einen breiten Rahmen nahm die bundesdeutsche Jagdgesetzgebung mit der Hauptaussage der Bindung des Jagdrechtes an das Eigentum von Grund und Boden ein. Da ging ein tiefes Raunen durch den Saal. Denn noch herrschte ja DDR-Jagdrecht und der Beitritt zur Bundesrepublik erfolgte erst am 03.Oktober des gleichen Jahres . In der Mittagspause erläuterte ich den hohen Gästen die Spitzentrophäen des Bezirkes Dresden. Dr. F. konnte sich kaum sattsehen und er fragte mich: „Sagen Sie, Herr Forstmeister, in welcher Gegend wachsen solche Hirsche, Muffelwidder und Rehböcke. Wo kann man sich dazu anmelden und was kosten diese Abschüsse?" Darauf antwortete ich ihm: „Die Erlegungsorte stehen auf den Bewertungskarten, die an den Trophäen hängen. Aber mit Jagdanmeldungen und Abschussgebühren kann ich gemäß der noch gültigen Jagdgesetzgebung der DDR nicht dienen." Im Weitergehen schüttelte er mit dem Kopf und murmelte in seinen Bart, soweit ich es verstehen konnte: „Das wird sich in ‚Bälde' wohl ändern." Und wie recht er hatte!

Die Wahl der Präsidiumsmitglieder des Landesjagdverbandes verlief reibungslos. Lediglich der Organisator, Manfred F., Fachingenieur für Wildbewirtschaftung, den viele dortige Jäger gern im Präsidium gesehen hätten, wurde leider nicht vorgeschlagen.

Zur Wahl des Präsidenten waren dagegen zwei Wahlgänge notwendig. Aus den Reihen der Forstleute schlug man den Vorsitzenden der Jagdgesellschaft Königstein und Leiter des Bezirksschalenwildaktivs Johannes G. und aus Jägerkreisen den Freiberger Jäger Dr. B. vor. Da meldete sich der Forstwissenschaftler Prof. Dr. H. und schlug als Gegenkandidaten seinen Tharandter Kollegen Dr. M. vor. Nachdem der sich ausführlich vorgestellt hatte und in einer zündenden Rede versprach, dass er dafür sorgen wird, dass alle sächsischen Jäger auch künftig in den bestehenden Jagdgesellschaften die Jagd ausüben werden, neigte sich das Zünglein

Auch später kamen die Helfer aus dem Westen zur Unterstützung des Landesjagdverbandes zu uns nach Sachsen (v.l.: DJV-Präsident Dr. F., Landesjägermeister N., BW, Herbert P., LJV Sachsen , Verf. als Gast von der obersten Jagdbehörde)

an der Waage zu seinen Gunsten. Eine geringe Mehrheit war auf dieses Versprechen , dass wenige Wochen später an der Realität scheiterte, wohl hereingefallen.

Für mich stand nach dieser Wahl fest, dass ich solchen Illusionen nicht folgen konnte und beendete meine eintägige Mitgliedschaft, die ich bis zum heutigen Tage nicht bereue. Als späterer Jagdreferent der obersten Jagdbehörde Sachsens konnte ich so noch 15 Jahre unparteiisch und unvoreingenommen meine Aufgaben für das Sächsische Jagdwesen erfüllen und auch mit dem Landesjagdverband Sachsen auf Augenhöhe zusammenarbeiten. Wenn ich aber daran denke, welche „Knüppel" uns der gewählte Präsident bei der Erarbeitung des Sächsischen Landesjagdgesetzes, das im Mai 1991 als erstes der neuen Bundesländer verabschiedet wurde, zwischen die Beine geworfen hatte, lief mir noch später fast die Galle über.

Heutige Verbandsquerelen zu aktuellen, wichtigen Fragen wie zum Rotwild in Sachsen, dem Wolf, Finanzen, anderer Sachthemen sowie das sich oft drehende Personalkarussell in der Leitungsebene, lassen für mich den Schluss zu:

Das Logo „Jäger sprechen eine Sprache" trifft hier und heute wohl in vielen Fällen kaum mehr zu.

Bockgewehre

Oktober 1971, ich hatte gerade meinen Dienst als Jagdreferent und Sekretär des Jagdbeirates bei der Bezirksjagdbehörde Dresden angetreten, teilte mir mein Chef, Landforstmeister Fritz M., mit, dass für unseren Jagdwaffenstützpunkt die Freigabe für eine Kugelwaffe vorliegt. Das freute mich um so mehr, da ich dann einen älteren Drilling Kal. 8x57IRS/16 zur Jagd führen durfte, wenn nicht gerade Jagdgäste kamen. Denn damit war ich nicht mehr von einer Lohmener Kollektivwaffe abhängig.

Jetzt ging‘s nach Suhl, wo wir im Ernst-Thälmann-Werk eine Bockbüchsflinte Kal. 7x65R/16 mit 16er Bockflintenwwechsellauf in Auftrag gaben. Nach einem knappen Jahr nahmen wir die wunderschöne, nagelneue Jagdwaffe in Empfang. Mein Chef Fritz M. stellte unsere kleine 7x57R/16 - Bockbüchsflinte in unseren schweren, riesigen Panzerschrank und nutzte nun die neue Waffe. Er pflegte und behandelte sie wie sein Eigentum.

So vergingen wenige Jahre, bis der, bei vielen Kollegen wenig beliebte S., Landwirtschaftsboss im Bezirk Dresden wurde und sein Herz nun auch für die Jagd, wie viele Funktionäre, entdeckt hatte. In einer Nacht- und Nebelaktion, deren Teilnahme ich ablehnte, nahm man ihm eine, auch damals nicht zulässige, „Jagdeignungsprüfung“ ab. Wer die Prüfer waren, blieb deren Geheimnis. S. wechselte später in eine höhere Parteifunktion, und was kam? Er riss sich die schöne und präzise schießende Bockbüchsflinte zu seinem persönlichen Gebrauch unter den Nagel. Als erstes musste eine neue Ziel 6-Montage her, das Z4 war ihm nicht standesgemäß. Jedes Jahr musste ich bei ihm die Waffe holen und zur turnusmäßigen Durchsicht bringen. Büchsenmachermeister Gerhard B. aus Dresden regte sich jedes Mal erneut auf: „Was macht dieser Kerl bloß mit der Waffe? Der Zustand verschlechtert sich ja von Jahr zu Jahr gravierend. Von Waffenpflege hat dieser Mensch wohl noch nie etwas gehört. Na ja, es ist nur Volkseigentum und der Staat bezahlt die Reparaturen!“

Dann kam die politische Wende und unserem S. wurde der Jagdschein versagt, da er kein ordnungsgemäßes Prüfungszeugnis vorlegen konnte und auch kein ehemaliges Prüfungsmitglied für ihn bürgen wollte. Ich bekam nun den „ehrenvollen“ Auftrag, unsere Bockbüchsflinte samt Wechsellauf, Munition und die beiden Zielfernrohre bei ihm, der seit 1989 ebenfalls in Hellerau wohnte, abzuholen. Kleinlaut übergab er mir die Waffe und das Zubehör und klagte, dass er ja nun auch noch den Waffenschrank hat, den ein Lohmener Jäger, der Schlosser war, gefertigt hatte. Den nahm ich auch gleich mit und veräußerte ihn zum Herstellungspreis von 100 Ostmark an einen Jungjäger. Als ich S. das Geld brachte, bot er mir die Hälfte als Trinkgeld für meine Bemühungen an. Doch das lehnte ich bei diesem Herrn strikt ab. Kurze Zeit später wohnte S. auch nicht mehr in meiner weiteren Nachbarschaft. Er musste wohl das Einfamilienhaus des in die BRD ausgereisten DDR-Bürgers wieder räumen?, und er verzog an einen mir nicht bekannten Ort. So wanderte die Waffe zurück in meinen Stützpunkt, wo sie aufgrund ihres schlechten Zustandes vorerst nicht genutzt werden konnte.

Bockbückse Kal. 8x57IRS
Bockflintenwechsellauf Kal. 16
Bockbücksflintenwechsellauf Kal. 7x65R/16

Als in den 80er Jahren, aus welchen Gründen auch immer, der Direktor unseres großen Landmaschinenkombinats Fortschritt freiwillig aus dem Leben schied, stand seine private Bockbüchse 7x65R zur Vergabe. Sein Stellvertreter S., der ebenfalls Jäger war, bemühte sich auch um eine Kugelwaffenfreigabe. Nun lag es nahe, dass er die Waffe des T. übernehmen könnte. Doch das lehnte er mit der Begründung ab, dass ihm die Waffe seines verstorbenen Vorgesetzten sicher kein Weidmannsheil bringen werde.

So wurde ich zu meinem Chef gerufen, und erhielt den Auftrag, die neuwertige Suhler Bockbüchse in den Bestand der Bezirksjagdbehörde zu übernehmen und S. dafür unsere kleine Bockbüchsflinte 7x57R/16 zu übergeben. Eine diesbezügliche Freigabe war nur noch Formsache. S. jagte mit dieser Altwaffe zufrieden und glücklich in der Jagdgesellschaft Hinterhermsdorf. Unsere Jagdgäste, die von der Herkunft der schweren Bockbüchse nichts wussten, freuten sich, mit so einem tollen Gewehr jagen zu dürfen.

***

Da nach der Wende die volkseigenen Jagdwaffen mit wenigen Ausnahmen an die einheimischen Jäger verkauft wurden, standen die beiden Gewehre, ergänzt durch einen Blaser-Repetierer und eine Bockflinte sicher verwahrt in meinem Stützpunkt. Sie dienten nun zur Ausbildung von Forstreferendaren und standen für Jagdgäste zur Verfügung die aber nur in Ausnahmefällen ohne Waffen anreisten.

So vergingen fast 10 Jahre. Die Landesforstverwaltung saß inzwischen am dritten Dienstort , nun im Neubau des Innenministeriums. Dort hatte man mitbekommen, das in ihrem Hause vier Jagdwaffen lagerten. Und das ging ja nun schon gar nicht! Ich bekam von der Allgemeinen Verwaltung unseres Ministeriums, des SMUL, den Auftrag, den Wert dieser Waffen bei einem autorisierten Büchsenmachermeister schätzen zu lassen, anschließend in der Landesforstverwaltung auszuschreiben und zum Schätzpreis als Mindestangebot, meistbietend zu veräußern.

In verschlossenen Couverts gab es für die Bockbüchse 7x65R, den Blaser-Repetierer und die Bockflinte insgesamt nur vier Angebote. Für die Bockbüchsflinte mit Wechsellauf interessierte sich aufgrund des sehr schlechten Zustandes niemand. Da ich die Geschichte mit dieser Waffe am eigenen Leibe miterlebt hatte und mir bei der vorausgesagten Höhe der Reparaturkosten übel wurde, reichte ich nach Rücksprache mit meiner „Besseren Hälfte" zum letzten Termin doch noch ein Angebot zum Taxpreis nach.

Im Beisein aller Bieter öffnete unsere Chefsekretärin Helga G. die verschlossenen Couverts und verlas die Namen der Bieter und die Höhe der Angebote. Die Bockbüchse erstand mein Freund und Kollege B., den Repetierer mein Chef R.. Die Bockflinte und die Bockbücksflinte mit Wechsellauf gingen an mich. Nach Vorlage der Überweisungsbelege wurden die Kaufverträge ausgestellt und die Waffen zur Eintragung in die Waffenbesitzkarten ausgehändigt.

Bockflinte

Wochen später erhielt ich plötzlich eine Vorladung zu einem Referatsleiter unserer Allgemeinen Verwaltung. Der schwergewichtige Beamte und Aufbauhelfer thronte breitschultrig hinter seinem Schreibtisch und belehrte mich in überheblicher Art, wie sie damals bei einigen dieser Leute üblich war: „Das Geld für die verkauften Jagdwaffen ist eingegangen. Aber warum haben Sie diese Gegenstände nicht europaweit ausgeschrieben? Da hätten wir doch sicherlich noch höhere Preise erzielen können!" Darauf antwortete ich ihm in meiner Art spöttisch: „Wenn man die Gebrauchtwaffenbörse allein im deutschsprachigen Raum Europas in den Jagdzeitschriften studiert, wären für jede der vier Knallstöcke mindestens eintausend Angebote eingegangen. Da hätten Sie für die Bearbeitung eine zusätzliche Planstelle schaffen müssen! Doch Spaß beiseite. Die Ausschreibung war mit Ihrem Fachreferenten abgestimmt. Ihnen ist doch sicherlich auch der Mindestbetrag für eine europaweite Ausschreibung bekannt? Doch, wenn Sie die Verkäufe rückgängig machen möchten, dann erstatten Sie den Käufern ihre Einzelbeträge. Die Waffen liegen dann morgen früh auf Ihrem Schreibtisch und Sie können als Nichtberechtigter damit tun und lassen, was Sie für richtig erachten." Der Referatsleiter schüttelte mit dem Kopf und entließ mich aus dem Gespräch. Damit hatte es sein Bewenden.

Ich ließ die Bockbüchsflinte aufwendig reparieren und ihr Äußeres auffrischen. Über die Kosten schweigt des „Sängers Höflichkeit". Aus einem, noch aus DDR-Zeiten stammenden Rohling aus Suhl ließ ich mir später vom Büchsenmachermeister A. einen dritten Wechsellauf, einen Bockbüchsenlauf im Kal. 8x57IRS anfertigen und mit einem variablen Zeiss-Zielfernrohr komplettieren. Diese dreifach kombinierbare Jagdwaffe wird mich nun mit dem alten Sauerdrilling und der Bockflinte auf Ansitz, Pirsch, Bewegungs- und Entenjagden sowie auf dem Schießstand begleiten, solange es Diana, der Jagdgöttin, gefällt.

Viel Feind - viel Ehr

In der Nähe von Pirna gab es einen Jagdleiter, der im Bezirk Dresden oft als leuchtendes Beispiel vorgezeigt wurde. Bekannt als großer Jagdhundemann der Rasse Deutsch-Drahthaar setzte man ihn auch als versierten Leistungsrichter für Vorstehhunde zu Ländervergleichskämpfen der sozialistischen Staaten ein. Als Mitarbeiter für Bauwesen beim Rat des Kreises Pirna galt seine Vorliebe Wochenendhäusern und Jagdhütten. Hier zeigte er sein hervorragendes handwerkliches Können. So erhielt er auch häufig Jagdeinladungen in die Jagdgesellschaften seines Heimatkreises. Er kannte sich deshalb überall sehr gut aus. Aber ein poltriges und proletenhaftes Auftreten und der sprichwörtliche Jagdneid ließen auf seine „Kinderstube" und Bildung schließen. Auch seine oft übertriebene Härte bei der Jagdhundeausbildung war bekannt. Man sah geflissentlich darüber hinweg.

Wie das so bei Alpha-Wölfen üblich ist, mochten wir beide uns nicht besonders. Ging es um persönliche Vorteile, kannte er keine Verwandten.

Ein Beispiel war der Ländervergleichskampf für Vorstehhunde der sozialistischen Staaten Mitte der 80er Jahre in Beichlingen/Thür.. Hier setzte man H. als Leistungsrichter ein, während ich als Mannschaftsbetreuer für die tschechoslowakischen Gäste beordert wurde.

Die Jagdhundeführer absolvierten mit ihren vierläufigen Jagdhelfern die einzelnen Prüfungsfächer und ich hatte Zeit, mir die sehr gute Arbeit der Spitzenhunde anzusehen.

In einem vorherigen, internen Gespräch der Prüfungsleitung bekam ich mit, dass, wenn die DDR den Länderkampf gewinnt, besonders verdienten Leistungsrichtern Jagdwaffenfreigaben winken. Nun lagen aber die CSSR-Jäger mit ihren Hunden am ersten Tage schon leicht in Führung. Am Folgetage begleitete ich eine Prüfungsgruppe in einen Zuckerrübenschlag zum „Vorstehen am Federwild" und verfolgte interessiert die Hundearbeiten. Zuständige Leistungsrichter waren ein älterer, sehr sympathischer, tschechischer Weidmann, der perfekt deutsch sprach und mein „Freund" H..

Bei dieser Feldarbeit mussten die Würfel fallen. Ein junger slowakischer Hundeführer, der mit seinem braunen Deutsch-Kurzhaar Rüden bereits in der Einzelwertung weit vorn lag, begann die Suche im Rübenschlag. Der Rüde stand zwei Fasanen bombenfest vor. Auch beim dritten wiederholte er das. Als die Richter näher rückten, stand der Fasan auf und burrte in den Himmel. Der Hund hob leicht seinen Kopf und äugte dem Vogel nach. Für alle fachkundigen Zuschauer war das eine abschließende, reife Leistung.

Da merkte ich, dass sich die beiden Leistungsrichter nicht einig waren und trat etwas näher heran. Der Tscheche bewertete den Hund mit der Höchstnote 4. Dagegen versuchte H. lauthals seinem Richterkollegen in radebrechendem Deutsch, so dass es alle Anwesenden hörten, klarzulegen, dass der Rüde dem Fasan nachgeprellt sei. Er bewertete die Arbeit des Hundes mit der Note 2. Darauf sprach der tschechische Richter: „Weißt du Hans., wir kennen uns nun schon so viele Jahre und haben einige Prüfungen gemeinsam gerichtet. Deine Bewertung ist nicht gerechtfertigt!" H. darauf entrüstet: „Für mich war die Arbeit des DK nur eine befriedigende Leistung und ich ändere meine Meinung darüber auch nicht!“

Der Jagdhundeführer verzichtete auf einen Einspruch, die DDR gewann den Länderkampf und der DK-Rüde wurde trotzdem Einzelsieger. Die Gastmannschaft fuhr enttäuscht nach Hause. Ob H. danach eine Jagdwaffenfreigabe erhielt, entzieht sich meiner Kenntnis.

So vergingen die Jahre. Im Frühjahr 1992 wurde ich mal zu meinem Forstchef gerufen. Er übergab mir die Kopie eines anonymen Schreibens an den Deutschen Jagdschutz Verband (DJV) zu Kenntnisnahme und zum Verbleib. Er sagte: „Vielleicht finden Sie es mal heraus, wer der Schreiberling dieses Pamphlets ist, der unsere Forstverwaltung, die Jagdbehörden, Jagdverbände und auch Sie durch den Schmutz zieht.“ Nach Tagen zeigte ich meinem Mitarbeiter Manfred S., der auch Vorstehhundeleistungsrichter war, das Schreiben. Beim Lesen lächelte der plötzlich und sagte: „Ich glaube, diese Schreibmaschine mit ihren „verpopelten“ e und a kenne ich. Mit so einer hat die Frau des H. unsere Prüfungsberichte getippt. Auch das Insiderwissen im Inhalt passt zu ihm.“

März 1992

Sehr geehrte Herren !

Betr. Jagd im Freistaat Sachsen !

27-03-92

In der Anlage übersende ich Ihnen ein Duplikat einer Verfügung der Forstdirektion Bautzen vom 10.02.1992. Allein die Formilierung läßt erkennen, was für geistes Kinder hier am Werke sind.
Das Forstamt Cunnersdorf mit ca 5200 ha Staatswald liegt in der Sächs. Schweiz umgeben von 5 Jagdgenossenschaften. Das FA Cunnersdorf bewirtschaftet mit, die ehemalige "Inspektion Staatsjagd Rosenthal". Eines der berüchtigten Staatsjagdgebiete der ehem. DDR. Während in den Revieren des FA die Jagd nach der genannten Verfügung munter weitergeführt wurde (es entstand damit ein erhöhter Druck des Rotwildes in die Jagdgenossenschaftenmit vermehrten Wildschaden auf Flur und Privatwald), wurde das Landratsamt Pirna als untere Jagdbehöre bezw. die umliegenden Pächter nicht einmal von der bestehenden Verfügung informiert. Wir müssen hier feststellen, daß im Freistaat Sachsen, spez. im Regierungsbezirk Dresden ganz und gar noch die alten roten Seilschaften das Sagen haben. Deshalb der Brief an Ihre Anschrift, weil wir seitens der Unteren- wie oberen Jagdbehörde nicht gehört werden. Die Kreis bezw. Landesjagd-Verbände sind ebenfalls "unter sich".

Kopie des anonymen Schreibens

Fakten:
Die Forstbediensteten, die bis zur Wende noch nicht zur Jagd gingen, erhielten in einer Nacht-u, Nebelaktion in kurzer Zeit ihre Jagdscheine, obwohl es bis zum heutigen Tage für den Freistaat Sachsen noch keine Prüfungsordnung gibt !! Nachfragen nach wieso und warum werden entweder überhaupt nicht, oder mit blöden Auskünften abgetan.

-Treibjagden in den Forstämtern erfolgen zum 70 % als Lappjagd. Hierzu sind die "roten Socken" der oberen Jagdbehörede und der Forstdirektion die kräftigsten Schießer. Ein erforderlicher Jagdhund ist in den seltensten Fällen vorhanden.

Soweit jetzt bekannt allein aus dem Herbsttreibjagden in Forstamt Bielatal bis zu 10 Stück verludertes Rotwild aufgefunden. In der ehem. Staatsjagd bis dato 3 Hirsche.

Der ehemalige Sekretär der Jagdbehörede beim Rat des Bezirkes Dresden und strammer Genosse Friedrich Schneider hat Heute genau noch in der Landesregierung (Obere Jagdbehöre(das Sagen. Schn. durfte zu DDR Zeiten im ganzen Bezirk Dresden Jagen und kann es Heute im Regierungsbezirk Dresden wieder . Die dazu notwendigen Seilschaften sind aufgebaut. Das gilt ebenso für die Forstdirektionen wie für die Forstämter.
Der ehemalige Revierförster im Gebiet "Inspektion Staatsjagd" Genosse und Parteischulabsolvent spielt Heute im Forstamt Cunnersdorf im Bezug Jagd die 2. Geige. Seine übrigen Kumpanen aus der ehemaligen Staatsjagd hat er in der Jagdgenossenschaft Cunnersdorf als führende Köpfe untergebracht. Michel selbst wurde von seinen Kumpanen in den Vorstand des Kreisjagdverbandes Pirna gemogelt, wo er für Ausbildung und Schulung der Jungjäger verantwortlich sein soll !!!!!!!

Die negativen Ausführungen ließen sich beliebig erweitern. Wie gesagt, viele kennen diese unhaltbaren Zustände, doch keiner äußert sich öffentlich dazu aus Angst als kleiner Jäger mit Begehungsschein auch diesen noch zu verlieren. Deshalb verständlich auch von mir keinen Namen.

Sie können den Brief einfach wegwerfen. Sie können aber auch einmal der Sache nachgehen und Sie werden merken -es lohnt sich-

Es lohnt sich allemal für das Ansehen aller anständigen Jäger in Deutschland.

Weidmannsheil !

? Anonym!

H. sitzt im Glashaus und wirft mit Steinen!

[Paraphe]
15.04.92

Daraufhin fuhr ich nach Dienstschluss zum vermutlichen Briefschreiber. Seine Frau empfing mich an der Haustür und fragte nach dem Grund meines Kommens. „ Es geht um einen anonymen Brief an den DJV nach Bonn", sprach ich.

Die Frau wurde kreidebleich, setzte sich auf die Treppenstufen und murmelte mit weinerlicher Stimme: „Mein Mann ist im Walde und baut an der abgebrannten Jagdhütte."

Ich setzte mich in meinen Lada-Niva und fuhr zur Hütte am Borsberg. Dort werkelte H. auf dem Dach und rief mir schon beim Aussteigen zu: „Mit eich vun dor Beheerde hab ich nischt mehr zu schaffen. Ihr habt unsor Jachtwäsn an de Wessis vorradn und vorkooft! Haue ja ab hier!" Ich verließ den Ort und wusste, woran ich war.

Vor meiner Verabschiedung in den Ruhestand habe ich H. eine Kopie seines Brandbriefes zum „Andenken" übergesandt. Daraufhin beschimpfte er mich in einem Anruf mit Worten, die ich an dieser Stelle nicht wiederholen möchte. Zu seiner unglaubhaften Rechfertigung nannte er den Namen eines inzwischen verstorbenen, verdienten Forstmannes, Jägers und Jagdhundeführers aus seinem Kreis. Den allseits geachteten Weidmann Karl K. verleumdete er als den anonymen Briefschreiber.

Nichts desto Trotz!: Ich hatte weiterhin Weidmannsheil wie hier mit Hirsch und Balgfuchs, im Forstamt Laußnitz, in dem ich nun jagte

Ein „Stinker“ von Format

„Rede nichts Schlechtes über Tote!“, lautet ein Sprichwort. Doch wenn nur wenig Gutes über sie zu sagen bleibt, wäre das Heuchelei.

In meinem früheren Patenkreis Bischofswerda herrschte bis zur Wende ein Jagdleiter H., dem keiner etwas recht machen konnte. Wie ein ungekrönter König ließ er seine Jäger antanzen, donnerte sie zusammen und die meisten von ihnen verließen ihn mit hängenden Köpfen. Mit seinen Hauptfeldwebel (Spieß)-Manieren putzte er sie herunter und Gnade dem Jägeranwärter, der sich nicht freiwillig für mehrere Jahre zu den bewaffneten Organen, der Nationalen Volksarmee, der Volkspolizei oder, wenn schon älter, zu den Kampfgruppen der Arbeiterklasse, verpflichtete. Jäger, die nicht Mitglieder in der SED waren, hatten es ihm besonders angetan.

In den Jagdgesellschaftsvollversammlungen, in denen ich als Pate teilzunehmen hatte, ging es oftmals weniger um die Probleme der Jagd, sondern vielmehr um die Politik von Partei und Regierung. Hier fühlte sich H. in seinem Element und schwang das „Große Maul“. In einer Versammlung kurz vor der Wende schlug er noch vor, zusätzlich zur Parteigruppe der Jagdgesellschaft, noch Untergruppen in den Jagdkollektiven der Jagdgebiete zu gründen. Als ich ihn darauf hinwies, dass dies das Musterstatut der Jagdgesellschaften nicht hergibt, schnauzte er mich an: „Wie kannst du, als Vertreter der Bezirksjagdbehörde, so eine Meinung vertreten? So etwas wie du, gehört aus der Jagd rausgeschmissen!“ Da platzte mir der Kragen und ich antwortete ihm: „Wenn hier jemand aus der Jagd fliegt, dann bist du Scharfmacher der Erste, denn es erwischen wird! Scheinbar hast du den ‚Schuss‘ noch nicht vernommen, der überall mit dem frischen Wind aus dem Osten nach hier herüberschallt.“ Ein Geraune ging durch den Saal und der Vorsitzende der Jagdgesellschaft beendete den Disput.

In der anschließenden geselligen Runde, die H. schon verlassen hatte, fiel mir noch eine Begebenheit aus dem Jahre 1976 ein. Ich gab sie zum Besten:

Anfang Juni erhielt ich von meinem Chef den Auftrag, den Vorsitzenden des Rates des Bezirkes, Manfred S., zur Jagd in den Kreis Bischofswerda zu begleiten. Er sollte beim Jagdleiter H. in Großharthau einen Rehbock strecken. Ich freute mich auf den Einsatz, da S. ein umgänglicher und anständiger Jäger war. Wir vereinbarten den Treffpunkt beim Jagdleiter, da ich nach der Jagd gleich weiter in mein Jagdgebiet nach Lohmen fahren, dort in meiner Jagdkanzel übernachten und anschließend zur Morgenpirsch gehen wollte. So fuhr ich in meinem Trabi der Wolga-Karosse nach und wir trafen fast gleichzeitig vor der Försterei ein. Da stand H. schon geschniegelt und gebügelt mit dem Jäger K. am Gartentor. Auf sein Äußeres legte er immer großen Wert. Schließlich hat ja ein jeder Mensch auch seine guten Seiten. Nach kurzer Einweisung übernahm K. unseren Vorsitzenden und stieg mit ihm in den Wolga. Sie entfernten sich in einen Revierteil rechts der F6 in Richtung Goldbach. H. schwang sich auf sein Motorrad und ich sollte ihm in den Masseneiwald folgen. An der Bahnbrücke bog H. in rasanter Art auf die Fernstraße ab. Ich musste mehreren Fahrzeugen, darunter zwei

Traktoren mit hohen Heufuhren, die Vorfahrt gewähren. Zwischen dem Ortsausgang und der Kneipe „Dürrer Fuchs“ sah ich noch wie H. auf einem Feldweg in den Wald eintauchte. In der Annahme, dass er auf dem nächsten Schneisenkreuz auf mich wartet, polterte ich auf dem holprigen Weg hinterher. Doch kein Jagdleiter stand am Abzweig. Ich stieg aus, blickte mit dem Glas die Schneisen entlang, hupte und rief seinen Namen. Nachdem ich 20 Minuten wartete, kam ich zu dem Schluss, dass er mich wohl wissentlich abgehängt hatte.

Nun waren die Mitsommerabende lang und wir wollten uns erst nach 22Uhr wieder treffen. So hatte ich noch gute drei Stunden Zeit. Ich drehte den Trabi und fuhr in meinen Pirschbezirk nach Lohmen, wo ich mich bereits angemeldet hatte. An einem Wieseneinschnitt nahe der Porschendorfer Straße setzte ich mich auf meine kleine, freistehende Ansitzleiter. Nachdem mein Zorn auf den H. einigermaßen verraucht war, trat auf der Gegenseite der kleinen Wiese, die kurz vor der Heumahd stand, ein Rehbock ins Freie. Eine tiefrote Decke, ein eisgraues Gesicht und der kurze, kräftige Träger ließen auf einen alten Bock schließen. Dunkle, reich geperlte und kurz vereckte Gablerstangen brachten meinen Kreislauf in Wallung. Deshalb zögerte ich auch nicht lange und erlegte den guten Bock auf 50 Gänge mit einem Blattschuss. Nach der roten Arbeit sandte ich mit dem Horn das -Bock Tot- in die vor mir ansteigenden Felder nach der Schönen Höhe Elbersdorf und hängte den Gestreckten für Sau und Fuchs unerreichbar an meine Leiter. Hier konnte er bis zum Morgen für den Transport nach Lohmen auskühlen.

Der zwischenzeitlich gestreckte Bock

So war eine gute Stunde vergangen und ich rüstete mich , nachdem ich die Schlafutensilien in meine geräumige Kanzel gebracht hatte, zur Rückfahrt nach Großharthau. Punkt 22 Uhr stand ich vor der Försterei, wo H. bereits wartete.

Er fuhr mich an: „Wo bist du denn geblieben? Ich habe eine halbe Stunde an der Bahnbrücke vor der Lichtleitung auf dich gewartet. Du hast mir die Jagd in der Massenei versaut!“

Da konnte ich nicht mehr an mir halten und konterte zurück: „Wer wem die Jagd in der Massenei versaut hat, steht auf einem ganz anderen Papier! Du hast mich bereits an der F6 abgehängt und ich habe vergeblich genau an diesem Ort nach dir gesucht und gerufen! Scheinbar warst du froh, dort allein zu jagen. „Aber sei es ,wie es sei. Ich hatte ja Zeit, bin nach Lohmen gefahren und habe dort einen Rehbock erlegt, von dem du hier in deinem Jagdgebiet nur träumen kannst“, antwortete ich frohgelaunt.

Da schrie er mich an: „Wo ist der Bock? Ich will ihn sofort sehen!“

„Der hängt in meinen Pirschgebiet ‚Karschwinkel‘ zum Ausschweißen an meiner Leiter“, erwiderte ich. H.:

„Das ist eine Lüge! Du hast ihn hier gewildert und nach dort transportiert.“

Das reichte mir, und ehe ich ihm in die Kandare fahren konnte, fuhr das Fahrzeug des

Vorsitzenden vor. Manfred S. hatte einen Jährlingsbock mit knapp lauscherhohen Spießen erlegt und freute sich über sein Weidmannsheil. H. trat zu dem Bock, hob das Haupt hoch und grunzte den hohen Jagdgast an: „Fehlabschuss! Bei uns werden Jährlinge nur bis halbe Lauscherhöhe geschossen. Erst tischt mir dein Mitarbeiter Schneider die ‚Lüge' von einem in Lohmen erlegten Bock auf und dann bringst auch du mir noch einen gut veranlagten ‚Falschen' hierher."

Grußlos verschwand H. in seinem Hause. Seinem Mitjäger K., von Beruf Volkspolizist, der sich nicht traute, dazu etwas zu sagen, war das Verhalten seines Jagdleiters sehr peinlich. Ich gab dem hohen Gast die Hand, wünschte ihm „Weidmanns Heil!" und übergab ihm den vorsorglich von mir mitgebrachten Erlegerbruch. Dann schärfte ich das Haupt des Jährlings ab, um es später für ihn herzurichten. K. brachte den Wildkörper in die Försterei und war damit auch verschwunden.

Bei der Verabschiedung fragte mich der Vorsitzende: „Habe ich mit dem Abschuss dieses Rehbockes wirklich einen so großen Fehler begangen?"

Das verneinte ich und freue mich noch heute, dass ich abschließend das Signal – Bock tot – vor H.'s Försterei in den Nachthimmel schmetterte.

Als wir uns trennten, sagte Manfred S. abschließend: „Zu diesem Stinkstiefel werde ich wohl nie wieder zur Jagd fahren." Da konnte ich ihm nur beipflichten.

Die große Erfindung

„Was, Sie kennen diese Erfindung nicht? Im Forstbezirk Dresden hat man die Sächsische Intervall-Jagd erfunden!"

Doch was ist Intervall-Jagd?: „Jede Jagd erfolgt in Intervallen. Jagd- und Schonzeiten zwingen zur Jagd in Intervallen. Ob man morgens oder abends und manchmal auch mittags oder in der Nacht jagen geht, es handelt sich immer um Intervalle. Jeder Jäger ist anders und richtet seine Bejagung nach seiner Zeit ein, ob er berufstätig, ob er Rentner oder ob er dienstlich zur Jagd verpflichtet ist."

Und da erfand man im Forstbezirk Dresden für den neuen Verantwortungsbereich 2006, amtlich geduldet, auch von wenigen Jagdwissenschaftlern begrüßt, die Intervalljagd. Die Jäger wurden jetzt und hier in ihrem Handeln so einschränkt, dass sie fast nur noch ein halbes Jahr dem Weidwerk in ihren zugewiesenen Bereichen nachgehen konnten. Selbst die vorgesetzte Dienststelle nickte die epochale Erfindung ab und sah Kritiken darüber sehr ungern.

Als mich der damalige Chefredakteur, der besonders in den neuen Bundesländern verbreiteten Jagdzeitschrift „unsere Jagd", H.D.W., im Juni 2006 fragte, ob ich nicht etwas Interessantes für das sogenannte „Sommerloch" hätte, schrieb ich ihm den nachfolgenden Beitrag:

Sachsen:

Intervalljagd – das neue Allheilmittel!?

Mit der Bildung des Staatsbetriebes Sachsenforst per 1. Januar 2006 wurden die Forstämter Dresden, Laußnitz, Großenhain und Moritzburg aufgelöst und zum Forstbezirk Dresden zusammengefasst.
Unter dem Begriff „Intervalljagd" verordnete die neue Leitung des Forstbezirkes für alle Laußnitzer Forstbediensteten mit der Dienstaufgabe Jagd und für alle Inhaber von entgeltlichen und unentgeltlichen Jahresjagderlaubnisscheinen ab 1. April 2006 eine gestaffelte 6-Monatsjagdsperre.
Diese bezieht sich für den Laußnitzer Bereich vom 1. Januar bis 30. April und vom 16. Juni bis 15. August.

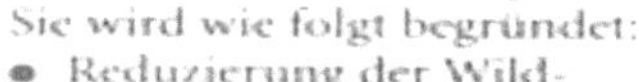

Sie wird wie folgt begründet:

- Reduzierung der Wildbeunruhigung durch die Jäger,
- Erhöhung der Effektivität durch konzentrierte Jagdeinsätze,
- Entlastung der Revierleiter und Konzentration der Wildvermarktung,
- mehr Zeit der Jäger für Familie und private Belange.

Mit der Intervalljagd unter jagdwissenschaftlicher Begleitung hat der Forstbezirk ein „Allheilmittel" hervorgezaubert.
Es ist unbestritten, dass die Bejagung von Schalenwild in der Notzeit ruhen soll und dass der Rehbock vor der Blattzeit sehr heimlich und schwer zu bejagen ist. Aber rechtfertigt dies eine 6-monatige Jagdsperre?
Der Forstbezirk verzichtet auf die Präsenz der Jäger vor Ort, während in dieser Zeit Jogger, Biker, Reiter, Walker, Hundehalter, Pilz- und Beerensammler und Stangensucher die Wildeinstände frequentieren.
Für die Jagdausübung ergeben sich folgende Konsequenzen:

1. Wegfall der Bejagung des Rehbocks in der Blattzeit.
2. Verkürzung der Rotwildbejagungszeit.
3. Wegfall der Januarbejagung des Schalenwildes zur Restplanerfüllung.
4. Wegfall einer effektiven Schwarzwildbejagung mittels Kirrung bei Schneelage.
5. Wegfall der Fuchsbejagung in der Ranzzeit (reife Bälge).

Im Übrigen zahlt der revierlose Jäger für ein halbes Jahr Jagdmöglichkeit das gleiche Entgelt wie der „Nachbar" für ein ganzes Jahr im angrenzenden Forstbezirk.
Den örtlichen Gegebenheiten angepasste Jagdmethoden ja, aber nicht das Kind mit dem Bade ausschütten.

F. Schneider

Auch eine weitere , führende Jagdzeitschrift Deutschlands nahm in der Folge zur sächsischen Intervalljagd Stellung:

SACHSEN

Intervalljagd auf sächsisch

Kurze Perioden intensiver Bejagung sollen sich mit längeren Jagdruhezeiten abwechseln, so der etwas unbestimmte Begriff der Jagdstrategie „Intervalljagd". Im Landesforstbezirk Dresden löste sie Verblüffung und Unmut aus.

Verblüffung deshalb, weil die Leitung des Forstbezirks Dresden im Unternehmen Sachsenforst seinen Jägern (Begehungsscheininhabern und Forstbediensteten) und dem Wild eine totale Jagdruhe vom 16. Juni bis 15. August und vom 1. Januar bis 30. April verordnete. Verblüffung auch, weil es der ehemalige Jagdreferent im sächsischen Agrarministerium, Friedrich Schneider, war, der als erster Jäger dagegen öffentlich intervenierte. Verblüffung nicht zuletzt auch deshalb, weil es der sächsische Landesforst war, der einst die Böcke bis Sylvester bejagen wollte und heute, zumindest im Laußnitzer Bereich, praktisch die Blattjagd verbietet.

Auf Nachfrage beim Unternehmen „Sachsenforst" in Graupa erhielt WuH die Aussage, dass die Forstbezirke eigenverantwortlich entscheiden, wie sie ihre jagdlichen Aufgaben lösen, eine generelle Anweisung, so zu verfahren wie in Dresden, gäbe es nicht.

Trotz der Einschränkungen, die erst im laufenden Jagdjahr bekannt wurden, zahlen Begehungsscheininhaber die gleichen Preise wie anderswo in Sachsen. Für viele Jäger im Landesforst hat das den Geruch von Unredlichkeit. kr

132 WILD UND HUND 17/2006

Da hatte ich ja was losgetreten. Meine Veröffentlichung wirkte, als hätte ich einen vollen Eimer kaltes Wasser nach oben geschüttet. Die geballte Flut ergoss sich auf mich nieder und ließ mich erschauern. Meine Mitjäger, unter ihnen nicht wenige Forstbedienstete, zollten mir heimlich Beifall. Auch einige, u. a. Prof. Dr. H.-F., sowie der ehemalige Aktivvorsitzende für das Jagdgebrauchshundewesen Roland F. meldeten sich ebenfalls zu diesem Thema sehr kritisch in der Jagdpresse.

Bis nach ganz oben wurde ich als Nestbeschmutzer bezeichnet. Ein damals sehr „Hohes Tier" tönte: „Der Herr Schneider soll froh sein, dass er als Rentner noch im Landeswald jagen darf und als ehemaliger Forstangestellter keine beamtenrechtlichen Folgen zu tragen hat!" Selbst der damalige Forstchefs B., der gegenüber kritischen Pressemitteilungen manchmal sehr ungehalten reagierte, soll geäußert haben: „Da schmeißt doch den Schneider einfach raus!" Im Ergebnis einer ausführlichen „Abwäsche" untersagte man mir die Teilnahme an allen Gesellschaftsjagden im Jagdjahr 2006/2007 im Forstbezirk. Ich dachte mir: „Bist du hier in einem falschen Film, oder hat man die Geschichte der freien Meinungsäußerung um 20 Jahre zurückgedreht?“

Logik nach dieser „ Wasserschlacht“: Auch meine Hündin Susi hatte dafür kein Verständnis

Erst der damalige Leiter des Forstbezirkes Dr. M., der mich und Dr. Horst B. im Vorab zum Vorhaben „Intervalljagd“ befragt hatte und unsere ablehnende Haltung dazu kannte, reduzierte nach einem halbstündigen Telefonat, das ich von der Jagdkanzel aus mit ihm führte, die Teilnahmesperre auf die Hubertusjagd 2006.

So jage ich noch heute mit Jagderlaubnisschein in der Laußnitzer Heide und vertreibe mir die Zeit während der Intervalljagdruhe, die inzwischen stark reduziert und teilweise aufgehoben wurde, in anderen Jagdbezirken, in denen ich als Jäger, Wachtelhundeführer und Jagdhornbläser ein gerngesehener Jagdgast bin.

Die Winter 18, 19, 20, welch schlimmes Wunder,
die Schweinepest in der EU.
Die Sperre ging den Bach hinunter,
das Intervall schlief jetzt in Ruh!
Keiner weiß, wie lang das dauert,
bis die Sauen reduziert.
Und der Jäger, der nun lauert,
egal, ob er am Leibe friert.
Er freut sich jetzt in sich hinein
und richtet, wie in alten Zeiten,
die Jagd nach seiner Freizeit ein.
Doch freut euch nicht zu früh,
es kommt bestimmt die Zeit,
da steht der liebe Jäger
fürs Intervall erneut bereit

Besserwessi

Wir waren gerade dabei, die Fragen für die Schriftliche Jägerprüfung in der Jagdhütte Lommnitz zu überarbeiten, als uns eine Anfrage von der unteren Jagdbehörde Meißen erreichte. Der zuständige Mitarbeiter V. fragte an, ob es möglich sei, einem älteren Anwärter aus gesundheitlichen Gründen in der Schießprüfung den Teil -Trap-Schießen - zu erlassen . Der Prüfling habe beim Stehen Probleme mit der Hüfte. Doch das gab die Prüfungsordnung nicht her. Deshalb schlug ich vor: „Wenn der Herr nicht stehen kann, könnte man eine Ausnahme zulassen und ihn die Wurftauben im Sitzen, von einem Stuhl aus, schießen lassen. Nach einer Rückfrage beim Schießstandverantwortlichen in Großdobritz lachte dieser und sprach: „Da hätte ich einen besseren Vorschlag. „ Herr G. soll sich mal eben mit dem Arsch auf den Quergriff seines Gartenspatens hocken. Da ist ihm eine sichere Dreipunktauflage gegeben."

Die Schießprüfung, die Voraussetzung für die Schriftliche Prüfung, und diese für die Mündlich-Praktische , bestand G. im 2.Alauf. Aber bei der Schriftlichen Prüfung gab es Probleme. Da der Prüfling mit den Fragestellungen nicht einverstanden war, schaltete er einen Anwalt ein. Sein gutes Recht! Es dauerte auch nicht lange, da rief mich der Anwalt an und bat um Übersendung der Prüfungsfragen. Den Wunsch konnte ich ihm aber nicht erfüllen. Um Manipulationen vorzubeugen, wurden diese erst nach Abschluss der Wiederholungsprüfungen nach dem Jahreswechsel freigegeben. Der Anwalt bedankte sich und sprach: „Na ja, da haben wir halt jetzt die schlechteren Karten." Auf meine Frage, welche Prüfungsfragen seinem Mandanten besondere Sorgen bereitet hatten, nannte er mir die Fachgebiete und Fragennummern, die es nach dem „Multible Joice"- System zu beantworten galt. Hier vier dieser Fragen, mit denen der Prüfling besondere Schwierigkeiten hatte und die mir noch heute ein Lächeln ins Gesicht zaubern:

1. Wer ist ein Jagdgenosse?
   a) ein Eigentümer von Grund und Boden X
   b) ein Jäger, der Mitglied der SPD ist
   c) ein Jäger, der sich bei der Jagdgenossenschaft um die Jagdpacht bewirbt
2. Was bedeutet im Jagdbetrieb der Begriff „Abnicken"?
   a) Ein Stück Rotwild mit dem Hirschfänger abfangen
   b) Einen Rehbock mit dem Jagdmesser durch einen Stich ins Hinterhauptloch töten X
   c) Einem Beschluss der Mitgliederversammlung der Hegegemeinschaft zustimmen
3. Woher stammt der Begriff „Tafelente"?
   a)Tafelenten nehmen aus dem Flug das Wasser nur an, wenn die Wasseroberfläche spiegelglatt wie eine Tafel ist
   b) Tafelenten brüten nur auf flachen Gegenständen, wie Brettern, die auf der Wasseroberfläche schwimmen
   c) Die Tafelente wurde im Mittelalter besonders gern in den Herrscherhäusern zu Festmahlen aufgetafelt X

4. Wie nennt man, fachlich korrekt, eine Jagdwaffe mit zwei übereinander angeordneten Büchsenläufen?
   a) Bockdoppelbüchse, da man kurz hintereinander zwei Rehböcke erlegen kann
   b) Doppelbüchse, da sie häufig doppeln
   c) Bockbüchse, da beide Läufe übereinander aufgebockt sind X

Trotzdem bestand er dann seine Jägerprüfung und jagte nun auch im näheren Bereich von Dürrröhrsdorf, in dem auch ich vor über 50 Jahren mit der Jagd begonnen hatte. Zwischenzeitlich hatte er mitbekommen, dass ich, sein damaliger Nachbar, Jäger war. Was er aber nicht wusste, war, dass ich über seine Probleme bei der Jägerprüfung bestens im Bilde war.

Eines Morgens, er hatte zwei Rehböcke erlegt, fragte er über den Gartenzaun: „Herr Schneider, haben Sie so ein Gerät, mit dem man die Trophäen absägen kann?“

„Eine solche Lehre habe ich nicht, aber einen eng geschränkten Fuchsschwanz, mit dem ich schon Dutzende Rehböcke abgeschlagen habe“, antwortete ich.

Als er daraufhin ungläubig blickte und von einem Bein aufs andere trat, nahm ich ihm die beiden Häupter aus der Hand, „schlug“ sie vor seinen Augen mit langer Nase ab und bot ihm an, sie nach einem Tag Wässern mit abzukochen, da mein Elektrokocher noch am Hundezwinger stand. Er stimmte zu und nach 2 Tagen hielt er seine Böcke sauber, noch ungebleicht, in den Händen. Auf seine Frage, was er mir jetzt schuldig sei, antwortete ich ihm: „Jäger helfen sich, wo es möglich ist, ohne sich dafür jedes Mal bezahlen zu lassen. Bei den nächsten Böcken versuchen Sie sich bitte selbst.“ Das nahm er nachdenklich und kopfnickend zur Kenntnis.

Als ich später mal mit dem Haupt eines Rothirsches auf der Schulter den Gartenweg entlang kam, stürzte er an den Zaun und staunte ungläubig: „Sagen Sie, wo haben Sie denn den geschossen und was zahlt man für so ein Geweih?“ Meine Hündin „Susi“ knurrte ihn an, als er nach dem Geweih fasste und ich antwortete: „Das ist mein Jubiläumshirsch zum 60. Geburtstag, erlegt in der Laußnitzter Heide und gekostet hat er mich zwei Ansitze, eine kräfteraubende Pirsch, die anstrengende Bergung sowie ein zünftiges Frühstück für meine Forstkollegen und die helfenden Lehrlinge im Forstamt.“

Eines Vormittags im August hörte ich nach einer Morgenpirsch beim Frühstück auf dem Balkon eine markante und mir bekannte Stim-

Da drüben wurde abgeschwartet, zerwirkt und gegrillt, dass es eine „Freude“ war

me aus dem gegenüberliegenden Garten. Als mein Hund aus dem Zwinger mit tiefer Stimme, wie sonst, wenn er Schwarzwild in die Nase bekam, anschlug, verrenkte ich mir den Hals und sah , was dort los war:

Zwei Männer zerrten an einem Seil eine mittlere Sau über einen Obstbaumast mit den Hinterläufen zuerst nach oben. Da erkannte ich den, das Wort führenden Horst D., als einen Jäger meiner ehemaligen Jagdgesellschaft Stolpen. Der ging dem Erleger G. seit einiger Zeit helfend zur Hand.

Mit „Weidmanns Heil!" bewegte ich mich zum Zaun und stellte beim genauen Hinsehen fest, dass es sich bei der Sau um eine Bache handelte. G. bedankte sich kurz und schnaufte nach der großen Anstrengung des Hochhievens wie ein Walross: „Ja, das Schwein habe ich heute morgen an einem Maisschlag geschossen."

Daraufhin fragte ich, nicht ohne Hintergedanken: „Und wo liegen die Frischlinge?"

„Die drei rennen noch draußen herum, und warten, dass ich sie mir mit Schrot hole", lachte er. Nun wusste ich nicht, ob er mich verscheißerte, oder ob es wirklich so war. Das Gesäuge an der Bache war wohl schon vorsorglich großflächig ausgeschärft worden.

Ich entgegnete: „Eine führende Bache und Frischlinge mit Schrot, wo gibt es denn so etwas?" In mir arbeitete es, als ich mich zurückzog und ich fragte mich, was da wohl eine Anzeige bringen würde. Beweise fehlten mir, und da ich aus Erfahrung wusste, dass diese Leute die besseren Anwälte hatten, verzichtete darauf, um mich nicht auch noch zu blamieren. Horst rief mir noch nach: „Das hat schon seine Ordnung, die Bache war nicht führend!"

Ich zog mich zurück und besah mir aus der sicheren Deckung meiner Jagdlaube, wie die beiden Experten die Sau abschwarteten und zerwirkten. Auf dem Balkon über ihnen brannte bereits der Holzkohlegrill. Ich wollte meinen Augen kaum trauen, als G. die beiden Nussstücke der Keulen auf das Rost packte. Jetzt tauchten auch in mir neue Zweifel auf, ob denn ca. 8 Stunden nach der Erlegung die Ergebnisse der Trichinenschau schon vorlagen. Bis in den Nachmittag hinein hockte die Familie am Grill. Die großen Fleischklumpen krochen zusammen und wurden immer kleiner und dunkler. Wie man mir später mitteilte, war der nicht abgehangene Braten außen schwarz verkohlt, innen noch roh und zäh wie eine Schuhsohle.

Was aus dem übrigen Wildbret geworden ist und ob nicht doch noch Frischlinge dazukamen, entzog sich meiner Kenntnis. Ich weiß nur, dass G. Hellerau später wieder verlassen hat und nach einem anderen Stadtteil Dresdens verzogen ist. Horst diente ihm weiter treu und durfte später sogar mit zur Zebrajagd auf die Farm dieses großen „Jägers" nach Namibia.

Der zerstreute Professor

Seit 50 Jahren bin ich mit Dietrich M. aus Ottendorf-Okrilla befreundet. Auch er wollte immer Jäger werden. Seinen Bücherschrank füllt dafür diverse Jagdliteratur. Aber der Beruf in der Glasindustrie, ein zweites Universitätsstudium und sein besonderes Interesse für die historische Bauten der Frühzeit der Menschheit ließ den Wunsch, Jäger zu werden, Wunschtraum bleiben.

Sein humorvolles Wesen und sein enormes Fachwissen auf vielen Gebieten schmiedeten enge familiäre Banden, noch dazu, dass seine Frau Ursel auch Grundschullehrerin an der gleichen Schule wie die meinige war.

Über Dieters gelegentliche Zerstreutheit, wie sie bei sehr klugen Menschen hin und wieder anzutreffen ist, will ich paar Episoden erzählen.

Familie M. weilte in den 70er Jahren an einem Sonnabend bei uns zu Gast. Meine Frau Rosi hatte „unterm Ladentisch" für den gemütlichen Abend eine Boxbeutelflasche italienischen Rotwein von einem Anbaugebiet nahe des Vesuvs ergattert. Nach dem Abendessen stellte sie die bereits geöffnete Flasche Wein zum gemütlichen Teil mit der Bemerkung auf den Couchtisch: „Hier habe ich was ganz Besonderes für uns im „Delikat" erstanden. Auf der Rückseite des Etiketts steht sogar näheres über das Weinanbaugebiet geschrieben."

Dieter, bekannt als großer Weinkenner vor dem Herrn, griff sich sofort die Flasche und studierte gewissenhaft das Etikett. Nach kurzer Zeit fragte er kritisch: „Wo steht denn nun der Text zum Anbaugebiet?" Rosi, die gerade das Abendgeschirr in die Küche brachte, rief, als sie Dieters ungläubigen Blicken begegnete: „Du musst die Flasche rumdrehen und die Rückseite lesen!" Dieter drehte die Flasche mit dem Hals nach unten, der Korken fluppte heraus und das köstliche Nass ergoss sich über sein Revers auf das Sofa. Glücklicherweise war unsere damalige Sitzgarnitur mit braunem Kunstleder bespannt, so dass sich der Schaden in Grenzen hielt. Dieters Anzug, das weiße Oberhemd und die gleichfarbige Unterwäsche waren vom roten Farbstoff gekennzeichnet und reif für die Reinigung. Vom Wein blieb für uns vier nur je ein Schluck.

Da zu dieser Zeit viele berufstätige Frauen die größere Wäsche häufig in die Wäscherei brachten, musste jedes Stück sorgfältig gekennzeichnet werden. Leider taugten die Wäschestifte aus der DDR-Produktion nicht sehr viel und die Kennzeichnung wurde herausgewaschen. Nun hatte Ursel von Dieters Mutter, die in der BRD lebte, einen neuen Wäschestift geschickt bekommen. Beim Vorbereiten der großen Wäsche im geräumigen Wohnzimmer schimpfte die Hausfrau vor sich hin: „Das Sch...ding aus dem Westen ist genau so ein Schrott wie das von hier!" Dieter trat hinzu und dozierte: „Liebe Uschi, du hast eben keine Ahnung von den physikalischen Gesetzen der Schwerkraft. Das Übel werden wir gleich beheben." Er nahm den Stift in die rechte Hand, schraubte den Verschluss ab und drehte seinen Arm im großen Bogen. Danach griff er sich einen Bogen Papier und beschrieb ihn mit der schwarzen Tusche. Da bekam Ursel einen Lachkrampf, als sie an die Zimmerdecke sah. Bei Dieters Armschleuder hatte sich der Wäschestift kräftig entladen. Die schwarzen Spritzer zierten Stubenwände und Decke. Die weiß getünchte Rauhfasertapete hatte ein Muster erhalten, das auf jeder Kunstausstellung Bewunderung hervorgerufen hätte.

Später, in den 90er Jahren verbrachten wir einen gemeinsamen Türkei-Urlaub. Das erste Reiseziel war Istanbul mit dem Höhepunkt des Besuchs der Blauen Moschee. Nachdem wir uns des Schuhwerkes entledigt hatten, betraten wir ehrfurchtsvoll die Heiligen Hallen und bewunderten die enormen Kunstschätze. Hier war Dieter in seinem Element. Nach der Besichtigung betraten wir einen Park und wurden in Richtung des großen Basars geführt. Da tippte mir Ursel auf die Schulter und sprach leise: „Sieh mal da, was mein Göttergatte wieder vollbracht hat. Dieter lief auf Socken den Bürgersteig entlang. Er hatte noch nicht gemerkt, dass seine Schuhe noch in der Moschee standen. Unsere Reisegruppe amüsierte sich köstlich, als Dieter zurücklaufen musste.

Ein irrtümlich aus Spanien mit nach Dresden genommener Hotelzimmerschlüssel mit faustgroßer, glänzender Holzkugel nach dem gemeinsamen Urlaub rundete später das Bild noch ab.

Gemeinsamer Urlaub mit Familie M. im Süden (r.D.)

Ein Forstvermesser

Nach meiner 2-jährigen Abordnung 1968 zum VEB Meliorationsbau Dresden als Bauleiter in der Bewässerung der Kreise Riesa und Großenhain hatte man mir das Forstrevier in Ulbersdorf bei Sebnitz versprochen. Doch daraus wurde leider nichts. Erstens war das Forsthaus nicht frei, weil der über 70-jährige Revierförster Hans F. in seinem eigenen Haus im Ort keine Wohnung bekam und zweitens, weil man mein Traumrevier mit seinen Bachtälchen, Edellaubbäumen und Nadelholzmischwäldern aus Fichte, Lärche und Kiefer in den Tälern der Schwarzbach, des Sebnitztales und dem Hohnsteiner Teil „zerhackt" hatte. Dafür schlug man die Parzellen von ca. 200 Privatwaldbesitzern, deren Bewirtschaftung weniger Spaß machte, dem Restrevier zu. So wurde ich Arbeitsvorbereiter und musste jeden Tag mehr als 100 km von Dresden zum Dienstort und zurück fahren. Das bereitete mir besonders in den Wintermonaten sehr viel „ Freude".

Verf. r. als junger Forstingenieur bei Vermessungsarbeiten in der Forsteinrichtung mit seinem Gehilfen L.

Da bewarb ich mich unter anderem im Staatlichen Forstwirtschaftsbetrieb Dresden um eine Revierförsterstelle oder als Forstvermesser. Im Kadergespräch sprach der Direktor des StFB Alfred B. mit seiner sanften Stimme zu mir: „Lieber Kollege Schneider, die Revierförsterstelle in Bühlau habe ich bereits mit dem Schwarzburger Absolventen Reiner W., den Sie ja kennen, besetzt. Und als Forstvermesser für unseren Betrieb arbeitet seit 14 Tagen ein absoluter Fachmann auf diesem Gebiet. So kann ich Ihnen aber die Stelle des Vorsitzenden der Betriebgewerkschaftsleitung (BGL) oder die des Meisters unseres Holzausformungsplatzes in Dresden-Klotzsche anbieten. Eine Wohnung für sie und Ihre Frau hätte ich in einem Seitengebäude des Forsthofes in Fischbach." Da ich dieses 15 km entfernte Haus kannte, runzelte ich die Stirn, da ich wusste, dass er selbst in das Forsthaus auf dem Weißen Hirsch, eingezogen war. Er bemerkte meine Zweifel und sagte: „Mit ein bisschen Farbe lässt sich auch in dem Seitengebäude aus der ehemaligen Kutscherwohnung bestimmt etwas machen."

So blieb ich bis September 1971 im StFB Königstein. Dann wollte es der Zufall, und ich bekam trotz „West-Schwester", mit einigen Auflagen die Stelle des Jagdreferenten und Sekretärs des Jagdbeirates beim Rat des Bezirkes Dresden.

Doch nun zum Forstvermesser:

Eines Dienstages zur Sprechzeit tauchte bei uns unangemeldet ein uniformierter Forstmann im Range eines Revierförsters auf, der sich mit unsicherer Stimme als Forstvermesser des StFB Dresden, mit einer Beschwerde, vorstellte. Dann begann er: „Seit knapp einem Jahr arbeite ich im Forstbetrieb als Vermesser und erledige meine Aufgaben zur vollsten Zufriedenheit meiner Vorgesetzten. Aber da gibt es den Jagdreferenten B. der sich ständig über mich lustig macht. Dabei bezieht er auch noch Kollegen mit ein. Die nehmen mich hoch, wo sie nur können." Als wir ihn aufforderten, Beispiele zu nennen, eierte er nur so herum und sprach, dass er am liebsten dem Betrieb wieder den Rücken kehren möchte.

Mein Chef Fritz M. versprach ihm abschließend sich seiner Angelegenheit anzunehmen und den Ursachen für das Verhalten der Kollegen nachzugehen. S., der Vermesser verließ mit breiter Brust unser Dienstzimmer. Da trat als nächster Gast unser Jagdbeiratsmitglied für Sicherheit und Ordnung, der o.g. Bühlauer Revierförster Reiner W. ein. Er grüßte und fragte sofort: „Was wollte denn der Vermesser, dieser Spinner, bei euch in der Bezirksjagdbehörde?" Fritz erläuterte ihm dessen Beschwerde, worauf Reiner antwortete: „Der S. braucht sich doch nicht zu wundern, dass er von vielen Kollegen hochgenommen wird.

Der redet doch überall nur dummes Zeug, hält die Leute von der Arbeit ab und ist dabei nicht mal in der Lage an der Bussole zu arbeiten. Bei der letzten Einmessung der Kahlschläge in meinem Revier habe ich ihn fast aus dem Walde gejagt. Ich stand dann selbst am Gerät und ließ ihn, den ‚Fachmann', die Messlatte halten. Nicht mal das brachte diese ‚Pfeife' richtig." Reiner legte uns danach den Plan der Kontrollfahrten zu den Jagdwaffenstützpunkten vor und verabschiedete sich mit „ Weidmanns Heil!"

Später befragten wir beim Jagdreferenten des Forstbetriebes Wolfgang B. nach, warum der Vermesser S. von ihm und anderen Kollegen laufend „verarscht" werde. Schon am Telefon antwortete er: „Weil dieser beschränkte ‚Klugscheißer' sich überall und in jedes Gespräch hineinhängt, ohne gefragt zu werden!" Nach einer Arbeitsberatung ließen wir uns dann mal über einige Episoden berichten, in denen S. in den „April" geschickt wurde:

***

Als eines Tages im Kulturraum der Dienststelle die Volumenmessung der stärksten Rehkronen des Vorjahres erfolgte, tauchte man die Gehörnstangen in das mit Wasser gefüllte, aquariumartige Messgefäß und las die Verdrängung, das Volumen, auf der Skala nach Kubikzentimetern ab. Wie nicht anders zu erwarten, steckte S. den Kopf durch die Tür und fragte, als hätte er nichts anderes zu tun: „Was macht ihr denn hier schon wieder für einen Unsinn, warum wascht ihr die Hörner der Rehböcke vor der Ausstellung noch ab?“ Heinz F. und Wolfgang B. sahen sich an und Heinz, der Waldbauer des Betriebes und Jagdleiter von Radeburg, antwortete: „Nein , hier wird nichts abgewaschen. Wir legen lediglich die starken Sechserböcke noch mal über Nacht in eine Nährlösung, damit sie noch an Volumen zulegen!“ Der Neugierige verschwand. Am kommenden Morgen legten die Bewerter das Geweih eines Sechser-Rothirsches neben das Messbecken. Da tauchte auch schon der Vermesser wieder auf und fragte nach dem Ergebnis. Heinz zeigte auf das Hirschgeweih und antwortete: „Siehst du, wie das Rehgehörn von gestern gewachsen ist?“ Das Gesicht von S. wurde vor Staunen immer länger und überzeugt äußerte er: „Und da lasst ihr Jäger“, er war selbst keiner, „die Rehböcke erst so alt werden, wo doch eine chemische Behandlung in einer Nacht solche Erfolge bringt!“

***

Als sich Wolfgang eines Tages in Arbeitssachen zum Abbalgen von Raubwild und Katzen in die Abbalgstation nach Moritzburg auf den Weg machte, um dem dortigen Kollegen zu helfen, riss der S. sein Dienstzimmerfenster auf und rief, dass alle auf dem Hof es hörten: „Wo willst du den schon wieder während der Arbeitszeit hin?!“ „Ich bin auf dem Weg zum Neustädter Bahnhof. Dort ist ein Waggon Bananen für das Wildgehege Moritzburg eingegangen. Die Südfrüchte müssen auf dem schnellsten Wege entladen und nach Moritzburg transportiert werden!“, antwortete W. Daraufhin rannte S. zum Gewerkschaftsvorsitzenden Günter K. und schimpfte laut: „Jetzt verfüttern die vor Weihnachten schon Bananen an die Hirsche und ich bekomme für meine Kinder nicht mal paar vernünftige ‚Äppel‘ zu kaufen! Wer bezahlt denn das alles?“ Günter war eingeweiht und lachte: „Das hat alles seine Richtigkeit. Es handelt sich hier um die Spende eines befreundeten Landes aus Afrika.“

***

Beim Frühstück im StFB unterhielten sich die Kollegen über das Angebot im Forst- und Jagdausstatter Dresden. Wolfgang bemerkte, dass der Vermesser, der eigentlich im Außendienst sein sollte, seine Lauscher hochstellte, um nichts von dem Gespräch zu verpassen. Da meinte der Kollege W. etwas lauter: „Wie mir die Leiterin des Spezialausstatters Hertha M. telefonisch mitteilte, wird heute Nachmittag noch eine Lieferung Schlangenlederschuhe erwartet, die es sogar auf die Forstkleiderkasse geben soll.“ „Die wenigen, avisierten Paare werden dann bestimmt wieder unter dem Ladentisch verhökert, so dass wir kaum ein Chance haben werden“, warf Kollegin N. ein. S. würgte seine Bemmen hinunter, trank den letzten Schluck Tee und verließ fluchtartig den Frühstücksraum.

Als nach dem Mittagessen die Ausstatterchefin M. im Forstbetrieb aufgeregt anrief, dass ein Kunde namens S. Schlangenlederschuhe verlangte und seinen Kleiderkassenschein vorlegte, hielt man sich im Forstbetrieb die Bäuche vor Lachen. Er soll in der Verkaufsstelle noch ein Heidentheater abgezogen haben, weil die Verkäuferin von Schlangenlederschuhen nichts wusste.

***

Die großen Hasenjagden in den Kreisen Meißen, Riesa und Großenhain brachten dem StFB Dresden damals noch tausende Feldhasen. So war für alle Jäger, Treiber und die Bediensteten des Forstbetriebes der obligatorische Weihnachtshase gesichert.

Nun ging der Vermesser bereits Anfang Dezember deswegen dem Jagdreferenten auf die „Ketten", und betonte: „Dass du ja nicht in diesem Jahr meinen Weihnachtshasen vergisst! Meiner Familie tropft jetzt schon der Zahn nach dem Festtagsbraten am 2. Feiertag. Am 1. gibt's Gans."

Nun dachten sich die Schlawiner im Forstbetrieb für den S. einen besonderen, makaberen Scherz aus. Sie holten in Moritzburg aus der Abbalgstation den Kern einer gebalgten, wildernden Katze. Im Vorraum der Kühlzelle balgten sie auf Wunsch eines Hasenkäufers dessen Mümmelmann ab und ließen auch den Kopf am Balg. In diesen Hasenbalg stopften sie fein säuberlich den Katzenkern und vernähten die Öffnung mit Nadel und Zwirn, dass es niemandem auffiel. Freudestrahlend empfing der Vermesser dann seinen „Hasen", warf ihn in den Kofferraum seines Trabis und bezahlte den geringen Obolus. In einer Ecke der Kühlzelle blieb der richtige Hase des Angeschmierten hängen.

Nun warteten die Übeltäter gespannt auf die Reaktion des S.. Der holte einen Tag vor Heiligabend seinen Hasen vom Dachboden und ging daran, ihm das Fell über die Löffel zu ziehen. Da klatschte ihm der bereits eigenartig riechende Katzenkern auf den Küchenfußboden. Daraufhin schwante ihm Übles. Wutentbrannt lief er mit dem Korpus Delicti zu dem in seiner Nähe wohnenden Staatsanwalt H., der auch Jäger war. Der konnte sich ein Schmunzeln nicht verkneifen. Er kannte bereits den Charakter des Geschädigten und rief den Jagdreferenten an. Der stand schon in den Startlöchern und brachte dem Vermesser seinen Weihnachtshasen. Er half ihm noch beim Balgen und Zerwirken, da S. davon nicht viel verstand. So war der Festtagsbraten des Vermessers gesichert.

Nach dem Jahreswechsel bekamen die Beteiligten von der Betriebsleitung noch einen satten Rüffel für ihren übertriebenen Weihnachtsscherz. Der Vermesser trat später mit seiner Neugier etwas kürzer und hatte künftig Ruhe vor seinen Kollegen.

Teufel Alkohol

In meinem ehemaligen Jagdgebiet Lohmen wurde nach Jagdversammlungen und anderen freudigen Anlässen oft gebechert, was das Zeug hielt. Dabei stand ich häufig in der Kritik, weil ich mich davon meist begründet fernhielt. Mein Leitspruch war und ist noch heute: „Ich bin Jäger geworden, um zu jagen, Hunde zu führen und mich an der Natur zu erfreuen." Ellenlange Versammlungen, Verbandsquerelen, Profilierungssucht und anschließende Saufgelage waren und sind das Meine nicht. Dabei liebe ich das gesellige Beisammensein, wo auch zwanglos ein Gläschen geleert wird und humorvoll über alles, was die Jagd betrifft, geredet, gelästert und auch mal übertrieben wird.

Deshalb verabschiedete ich mich nach den Sitzungen auch regelmäßig schnell und frönte lieber der Pirsch und dem Ansitz. Da ich auch immer motorisiert unterwegs war, wollte ich auf keinen Fall meine Jagd- und auch die Fahrerlaubnis riskieren. Mein spezieller „Freund" Paul E., der mit seinen wadenlosen Unterschenkeln in den schrotschusssicheren Langschäftern wie eine Ziege im Melkeimer wackelte und ständig im „Stoff" stand, schnauzte mich mal an: „Du schließt dich dauernd von unseren gesellschaftlichen Aktivitäten", gemeint waren die Besäufnisse, „aus. Du hast nur deine Jagd im ‚Nischel'. Man müsste dir die Jagderlaubnis entziehen!" Ich ließ ihn links liegen. Einigen Jägern wurden diese Gelage auch ab und an zum Verhängnis:

***

An einem frostigen Wintertage, die Ortsverbindungsstraßen, soweit man sie damals als solche bezeichnen konnte, waren vereist und vom Schnee verweht. Nach der Jagdversammlung benebelt stieg der Jäger H. in seinen Trabant und machte sich auf den Heimweg. In der Nähe von Dürrröhrsdorf geriet er in eine Schneewehe und ehe er sich versehen hatte, lag er mit seiner „Rennpappe" neben der Straße auf dem Dach. Ihm war glücklicherweise nichts weiter passiert. Mühsam kämpfte er sich fluchend aus dem Fahrzeug und trat zu Fuß den weiteren Heimweg an. Das Auto wurde von einem Arbeiter entdeckt, der aus der Spätschicht vom Asbestzementwerk Porschendorf kam. Der verständigte die Polizei. Anhand des Kennzeichens ermittelte man H. noch in der Nacht. Einige Stunden später erhielt der Jäger den weniger erwünschten Besuch der Ordnungshüter. H. stand noch voll unter „Dampf". Auf die Frage des Verkehrspolizisten, warum er unter Alkoholeinwirkung das Kfz. benutzt habe?, antwortete er: „Ich hatte beim Benutzen meines Trabis keinen Alkohol getrunken! Aus Wut und Zorn über die ungeräumte Straße und die Schneewehe, die mich in den Graben drückte, habe ich mir erst zu Hause eine Pulle Klaren hinter die Binde gegossen. Das hat mich beruhigt. Doch mit diesem Argument hatte er keinen Erfolg und musste seine Fleppen für längere Zeit abgeben.

***

Jagdkollektivversammlung im Saal des Gasthofes Uttewalde. Ich kam von einem abendlichen Pirschgang, stellte meine Jawa ab und betrat mit Flinte und Hund die Gaststube, um in den Saal, den Versammlungsraum, zu gelangen. Lautstark begrüßten mich die an der Theke, noch in ihren Arbeitssachen, lümmelnden Zecher. Als mir der Wirt später ein Bier und eine Bockwurst brachte, entdeckte er meinen Rüden Cliff, der unter dem Tisch ruhte. „Das geht nun mal schon gar nicht. In meiner Gastwirtschaft haben Hunde, die hier alles verdrecken, nichts zu suchen!“, meuterte der Kneiper. Da ich das nicht verstand, antwortete ich ihm: „Mein Hund hat vor einer Stunde noch in der Wesenitz gebadet, ist trocken und blitz-blank, während vorn in der Gaststube der Mist und Schlamm von den Gummistiefeln der LPG-Bauern auf dem Fußboden verstreut liegt!“ Der Wirt in seiner schmierigen, blauen Schürze griff sich das mir gebrachte Bier und die Bockwurst und giftete: „Wenn ‚du‘ deinen Köter nicht sofort aus dem Saal schaffst, hast ‚du‘ hier nichts mehr zu suchen!“ Ich fragte ihn nach diesem Satz, ob wir beide schon mal zusammen Schweine gehütet hätten, wegen seines vertrauten „du“. Er glotzte mich verständnislos an, meine Mitjäger grinsten und ich leinte Cliff am Zaun, gegenüber des Wirtshauses, neben meiner geparkten Jawa, an.

Beim erneuten Betreten der Gaststube lallte ein jüngerer Angetrunkener: „Na, du Gakenförschter, du hast ja en Hund, der is wohl mit en Schafbock gekreuzt, so e lockches Fell, wie der hat? Aber sunst sitt der aus wie meine Mieze von dor Heeme.“ Seine Kumpane feixten.

Wieder im Saal, stellte der Jagdleiter Bernfried L. die Anwesenheit fest, gab die Tagesordnung bekannt und freute sich über die vollzählige Teilnahme seiner Weidmänner. Das Schulungsthema hatte gerade begonnen, da ertönte von draußen ein markerschütternder Schmerzensschrei. Ein Jäger riss die Gardine vom Saalfenster zur Seite und rief erschrocken: „Da liegt einer am Zaun und der Cliff hat ihn am Schlawittchen!“ Wir rannten fast alle aus der Gaststätte. Da hatte sich der genannte Suffkopp bereits erhoben und kam uns, das Gesicht blutüberströmt, entgegen. Plötzlich stocknüchtern wimmerte er: „Da gehe ich raus, um mein Bier fortzuschaffen. Ich pinkle neben dem Mistvieh an den Zaun, da steht der off und wackelt mitn Schwanze. Ich bicke mich, hebe das Wollschaf hoch und will ihm einen Schmatz auf seine feuchte Schnauze gäm. Da dreht der seinen Kopp rum und beißt mir in de Fresse. Als ichn fallen lasse, versucht dor, mich noch in de Gummistiefel zu fassn!“

Ein halbwegs Nüchterner vom Stammtisch fuhr den Verletzten zum Arzt nach Wehlen. Am nächsten Tag besuchte ich den Mann in Lohmen und erkundigte mich nach seinem Befinden. Mit verpflastertem Gesicht entschuldigte er sich bei mir und grüßte mich später mit vier kleinen runden Narben, die von Cliffs Fangzähnen stammten, schon von weitem. Er versprach mir, nie wieder einen fremden Hund anzufassen. Da Cliff den vollen Impfschutz hatte, blieb dem Gebissenen eine Tollwutschutzimpfung erspart.

Manchmal hatte Cliff eben schlechte Laune

Hatten im Jagdgebiet Lohmen junge Jagdanwärter ihre Jagdeignungsprüfung bestanden, ging danach immer „ein mächtiger Kahn unter". Mit allen möglichen Ritualen schlug man die Jungspunde bis in die Morgenstunden zu Jägern.

In einer kalten Winternacht, von Freitag auf Sonnabend, hatte ich und mein Bruder Roland einen gemeinsamen Ansitz auf Sauen geplant. Zur Anmeldung beim neuen Jagdleiter Bernd S. bekamen wir die Weisung, vorher in der Jagdlaube, die in Siegfrieds Garten stand, zu erscheinen. Dort sollten die Jungjäger Jürgen N. und Mario S. zu Jägern geschlagen werden. Da ich diese „Versammlungen" kannte, schwante mir schon manches. So rückten wir beide bei Siggi Z. ein, wo schon alle Lohmener Jäger vollzählig anwesend waren. Nach einem ausgiebigen Imbiss kam der offizielle Teil. Jürgen und Mario mussten über den Prüfungsablauf berichten und ihre Vorstellungen zur künftigen Jagdausübung darlegen. Danach schlug sie in feierlicher Zeremonie der schwergewichtige Jagdleiter Bernd mit einen Hirschfänger zum Jäger. Dazu sangen wir, die seit Bernds Leitung, in jeder Versammlung, eine kurze Gesangsstunde zu absolvieren hatten, ein dreifaches Horrido und Weidmannsheil. Auf „Ex" wurden die Wassergläser mit Nordhäuser Doppelkorn geleert. Unbeobachtet konnte ich mein Glas, da ich ja noch auf Jagd wollte, in einen Grünpflanzentopf kippen.

Es folgte nun Runde auf Runde. Der Lärm und der Zigarettenqualm ließen das eigene Wort kaum hören und den Gegenüber sah man auch nur noch verschwommen. Wir Brüder hatten unsere Jagdwaffen hinter der Eingangtür abgestellt und mit einer Decke zugehängt. Wir suchten einen passenden Moment, um das Gelage zu verlassen. Mitternacht war gerade vorüber. Draußen strahlte der Vollmond. Einige Jäger waren, über den Tisch gebeugt, bereits eingenickt. Da schrie der Jagdleiter, der plötzlich meinen Drilling in den Händen hielt: „ Und jetzt zum Abschluss haben die Neuen ihr Quantum Zielwasser zu trinken, damit sie ab morgen auch sauber treffen!" Er zerlegte meine Waffe, verstopfte auf der Schlossseite beide Flintenläufe mit einem Pfropfen aus Zeitungspapier und füllte von der Mündung aus mit einem Plastiktrichter eine Flasche Korn in die Läufe, bis die Brühe überlief. Mit dem Daumen hielt er den einen Lauf zu, drehte das Bündel und ließ es Jürgen schlucken. Mit Mario wiederholte sich das Spiel. Glücklicherweise verschütteten beide mehr als die Hälfte des Inhalts. An eine Alkohol- oder Bleivergiftung dachte bei dieser Orgie keiner. Noch machte ich gute Mine zum bösen Spiel.

Aber dann hatte ich den Kanal voll. Ich griff mir die Teile meines Drillings, zog die Läufe mit der Reinigungsschnur durch, setzte ihn zusammen und ab ging's durch den schnarchenden Haufen Jäger-Leiber in die frostige Mondnacht.

Ohne jagdlichen Erfolg und durchgefroren stellte ich gegen 8 Uhr fest, dass mein Bruder Roland noch nicht am vereinbarten Treffpunkt war. Eingemummelt in seine dicken Wattesachen schlummerte er unter dem Baum seines Hochsitzes. Auf meinen doch erschrockenen Anruf hin stutzte er und murmelte: „Mann, bin ich noch müde und die Birne brummt mir wie nach einer durchzechten Nacht." Womit er nicht ganz Unrecht hatte.

Im Übrigen habe ich drei Jagdleiter aus dem Lohmener Jagdkollektiv überlebt, von denen jeder in seinem Leben die sprichwörtlichen 50 Eimer Schnaps intus hatte.

Mein Jagdfreund Siegfried M. aus Meißen erzählte mir mal unter vorgehaltener Hand eine Episode, die noch heute bei Insidern ein Schmunzeln auf die Gesichter zaubert.

Siegfried bejagte die linkselbischen, bewaldeten Hänge oberhalb der damaligen Fernstraße 6 (heute B6) zwischen der Rehbockschänke und dem Stadtrand von Meißen. An der Wald-Feldkante hatte er sich eine enorm hohe, geräumige Jagdkanzel errichtet. Von der aus bejagte er das Schwarzwild erfolgreich bei jedem Wind und Wetter. Die Kanzeleinrichtung war vom Feinsten. Außen mit Dachpappe isoliert, innen mit Teppichbelag ausgeschlagen und alle Ritzen und Astlöcher mit Bauschaum abgedichtet, konnte ihm Kälte und schlechter Wind nichts anhaben. So erlegte er von dieser Kanzel unzählige Schwarzkittel, darunter auch einige starke Keiler.

Siegfried lauscht dem Jägerlatein seines Gegenübers

Als Freund des Meißner Weines, der damals auch nur mit Beziehungen zu bekommen war, hatte er im doppelten Kanzelboden mehrere Flaschen griffbereit gelagert. In den langen Ansitznächten genehmigte er sich so manchen guten Schluck. Nun bat ihn eines Abends seine junge Frau, dass er sie doch mal zum Ansitz mitnehmen möchte. Siegfried stimmte dem Unterfangen nach reiflichen Bedenken zu. Beide saßen bald in den bequemen Polstersesseln und beobachteten das auf die Felder und Wiesen austretende Rehwild. Da stieß V., seine liebe Gattin, mit dem Fuß an eine leere Weinflasche, die gegen eine andere polterte. Solche Geräusche, die das Wild vergrämen konnte, waren dem Weidmann sehr verhasst. Ich erinnere mich noch, als er mir mal zur Hirschbrunft in der Nieder Heide in der Jagdkanzel das Lutschen eines Bonbons, das an meine Zähne stieß, verbot.

Seine Frau hatte inzwischen im Halbdunkel eine bereits geöffnete, fast volle Weinflasche entdeckt, nahm diese hoch und schimpfte: „Ich denke, du jagst in der Nacht hier oben. Aber wie ich jetzt sehe, trinkst du hier literweise den teuren Meißner Wein!“ Sie zog den Korken und setzte die Flasche an. Da schrie Siegfried entgeistert: „Halt, das ist kein Wein, in diese Flasche nässe ich bei den langen Ansitzen, um die Sauen nicht zu vergrämen!“ Er riss ihr das „Nachtgefäß“ aus der Hand, öffnete das Kanzelfenster und ließ den Inhalt nach unten gluckern. Damit war für diesen Abend der Ansitz beendet und der gute Wein wurde künftig gemeinsam zu Hause getrunken.

Abgehängt

Da erlegte der hohe SED-Parteifunktionär Hans M., den man auch zum „Jäger“ gemacht hatte, Anfang der 80er Jahre auf dem Winterberg in der Sächsischen Schweiz einen alten, starken Rothirsch. Das Geweih des Kronen-Zehners schmückte seine Neubauwohnung in Dresden.

In der politischen Wendezeit übernahm Genosse M., bis zu den ersten freien Wahlen in der Noch-DDR, die höchste Regierungsfunktion in Berlin. Vor seinem Umzug nach dort rief seine Frau bei der Bezirksjagdbehörde mit folgender Frage an: „Habt ihr Interesse an dem Hirschgeweih meines Mannes?, wenn nein, wandert es in den Müllcontainer.“

Da mir bekannt war, dass M. auch die Trophäe eines Medaillen-Muffelwidders zur Ausgestaltung der Jagdhütte des Erlegungsortes in den Königshainer Bergen gestiftet hatte, erhielt ich den Auftrag, das Hirschgeweih abzuholen.

In voller Forstuniform, das Geweih über der Schulter, lief ich im Treppenhaus, vorbei an neugierig gaffenden Bewohnern, „Spießruten“ bis zu meinem Dienstauto. Beim Verstauen der Trophäe in den Lada-Niva spotteten umstehende Passanten. Einer tönte: „ Es wird ja nun auch endlich Zeit, dass die gewilderten Jagdtrophäen der SED-Bonzen endlich eingezogen werden.“

Später legte der Landesforstchef, Oberlandforstmeister R. fest, dieses Geweih und ein großes Bild „Waldarbeiter am Frühstücksfeuer“ im Versammlungsraum der Landesforstverwaltung zu platzieren.

Hirschgeweih des Genossen M.

Das Ende des Zehnenders

Warum im Sächsischen Forstministerium das Jagdfieber ausbrach – ausgerechnet auf ein Geweih

Von Steffen Klameth

Wie der kapitale Rothirsch starb, ist leider nicht in allen Einzelheiten überliefert. Nur so viel steht fest: Er ward von einer Kugel getroffen. Bei einer Jagd. Wobei das traurige Ereignis schon etliche Jahre zurückliegt und also kaum noch der Erwähnung wert wäre. Wenn – ja, wenn das Tier dieser Tage nicht einen zweiten Tod gestorben wäre. Und die Sächsische Zeitung Schützenhilfe geleistet hätte. Unfreiwillig, wohlgemerkt!

Aber wir wollen der Geschichte nicht vorgreifen. Um die ganze Tragik des Hirsch-Schicksals zu begreifen, muss man nämlich wissen, welche Odyssee das Geweih nach dem Verenden seines Trägers durchmachte. Es soll – so zumindest weiß es die Sprecherin des Sächsischen Forstministeriums, Irina Düvel, zu berichten – ursprünglich die Wohnung von Hans Modrow geziert haben. Jenes Hans Modrows, der bis 1989 SED-Bezirkschef in Dresden war, in der Wendezeit zum DDR-Ministerpräsidenten aufstieg, später in den Bundestag einzog und heute Europaabgeordneter und PDS-Ehrenvorsitzender ist. Ob Modrow das Tier selbst erlegt oder die Trophäe nur geschenkt bekommen hat, kann an dieser Stelle leider nicht aufgeklärt werden; eine SZ-Anfrage an Modrows Büro blieb leider unbeantwortet. Dresdner Weggefährten des Politikers schwören jedenfalls, dass Modrow null Bock auf Jagd hatte – ganz anders als der einstige Staats- und Parteichef Erich Honecker.

Da wiehert der Rothirsch: Weil die Biografie eines seiner Artgenossen politisch nicht korrekt war, wurde dessen Geweih jetzt „entsorgt". Foto: dpa

Egal: Sonderlich gemocht hat Modrow das Geweih wohl nicht, denn als er nach Berlin umzog, entledigte er sich des Ballasts auf elegante Weise: Er schenkte den Zehnender dem Rat des Bezirkes, und so überlebte das Geweih nicht nur die politische Wende, sondern auch mehrere Umzüge. Als das Ministerium für Umwelt, Landwirtschaft und Forsten vor fünf Jahren in den Neubau an der Archivstraße zog, bekam das Geweih im dritten Stock, im Flur der Abteilung Forsten, einen Ehrenplatz. Jeder Mitarbeiter kannte seine Geschichte, niemand fühlte sich gehörnt – bis sich die Sächsische Zeitung vorige Woche für das Prunkstück interessierte. Urplötzlich brach in der Chefetage das Jagdfieber aus – binnen einer Stunde war das Geweih verschwunden. Warum? „Das erklärt sich doch von selbst", erklärt Sprecherin Düvel. Wohin es verschwand? „Es wurde entsorgt." Nun wird nach einem Ersatz gesucht. Mit sauberer Weste, versteht sich.

Vielleicht hätte der Redakteur unserer Sächsischen Zeitung mal den zuständigen Jagdreferenten befragen sollen!

So vergingen über 10 Jahre. Zwischenzeitlich hingen die beiden „Schmuckstücke" im Flur der neuen Dienststelle. Kein Mensch störte sich lange Zeit daran. Durch Zufall musste aber ein höherer Regierungsbeamter erfahren haben, wer der Erleger des Hirsches gewesen war. Auch die Presse hatte Wind davon bekommen. Jetzt begannen wieder mal die Mühlen zu mahlen. Eines Morgens trat der neue Forstchef Prof. B., den ich schon als 10jährigen Jungen aus meiner Schwarzburger Forstschulzeit als Sohn eines Dozenten kannte, zu mir ins Dienstzimmer und las mir die Leviten: „Wie kommst du nur dazu, hier im Staatsministerium das Hirschgeweih dieses ehemaligen hohen SED-Funktionärs aufzuhängen?" Darauf antwortete ich verblüfft: „Das war doch dem Hirsch gleichgültig, wer da hinten den Abzug der Jagdwaffe betätigt hatte. Und im Übrigen war der Erleger, der später sogar im Bundestag und in der EU saß, Ministerpräsident nach der Wende." Nachdem ich ihm den Hergang ausführlich geschildert hatte, bekam ich den dienstlichen Auftrag, das Geweih sofort zu entfernen. Als danach der Chef den vom dunklen Staub umrandeten Fleck des Geweihschildes an der weißen Wand des Flures sah, befahl er mir: „Hier kommt ein anderes Geweih hin, aber von einem gleichstarken Hirsch, verstanden!?

Ich nickte die Weisung ab und fuhr in unsere Jagdhütte nach Lomnitz, in der einige Hirschgeweihe lagerten. Am nächsten Morgen grüßte von gleicher Stelle ein kapitaler Vierzehnender, ein Fundhirsch, an gleicher Stelle die Besucher. Als sich mein Chef am Vormittag das neue Geweih besah, nickte er anerkennend und fragte mich: „Und wer hat diesen Hirsch erlegt? Darauf antwortete ich schmunzelnd: „Das war Erich Honecker!" Da konnte auch er wieder lachen.

Der den Jagdgast M. damals führende Oberförster Rolf, S. erzählte mir später, als ich ihm das Hirschgeweih für die dortige Jagdhütte übergab, dass er und der hohe Parteifunktionär auf dem besagten Abendansitz wohl einen Schutzengel hatten. Denn einen Tag später wurde die Jagdkanzel samt einer alten Kiefer vom Sturm vom Felsplateau in die Tiefe gerissen.

Waldarbeiter am Frühstücksfeuer

Später, ich war schon im Ruhestand, entfernte man auch noch zwei Gemälde: Das Mitte der 1930er Jahre gemalte Auftragswerk „Waldarbeiter am Frühstücksfeuer" und ein von mir 1971 vor dem Verderb gerettetes Bild „Sauen im Winter". Letzteres bei einer Gerümpelaktion aus dem Keller der heutigen Staatskanzlei, von mir gefundene, zusammengerollte und bereits angeschimmelte Ölgemälde stammte aus den 40er Jahren. Seine Herkunft ist bis heute nicht bekannt. Mein damaliger Chef Fritz M. ließ es beim Jagdmaler E. Mailick in Moritzburg restaurieren und bis 2005 hing es sauber gerahmt in meiner „Jagdkanzlei".

Nun befinden sich diese Bilder, wie auch das o.g. Hirschgeweih, an einem neuen Standort, abseits meiner ehemaligen Wirkungsstätte und erfreuen die dortigen Kollegen und Jäger. Fazit: „Auch so lässt sich deutsche Forst- und Jagdgeschichte bewältigen?!“

Die Sauen im Winter

Elche

In den 70er Jahren wurde in der DDR die ganzjährige Schonzeit für Elche aufgehoben und in eine ganzjährige Jagdzeit umgewandelt. Ursache waren unter anderem die hohen Schäl- und Verbissschäden durch Schalenwild in der Forstwirtschaft. Mit dieser Maßgabe wollte man sich nicht noch eine weitere, Schaden verursachende, Wildart aufhalsen.

In meinem Verantwortungsbereich, dem Bezirk Dresden, wechselten fast jährlich über die östliche Neiße-Friedensgrenze, seltener aus dem Tschechischen, einzelne Elche ein. Sie verweilten an verschiedenen Orten mal längere aber meist kürzere Zeit. Ihre Wanderrouten erstreckten sich nachweislich in westlicher Richtung bis in den Leipziger Raum. Die wenigen Elche wurden meist von Jägern erlegt oder waren Opfer des damals noch sehr geringen Straßenverkehrs. Die Erlegungen und die Wildunfälle erfasste man in den Abschussmeldungen. Heute geht man der Elchproblematik mit Forschungsprojekten erfreulicherweise tiefer auf den Grund. Die Ausbreitung der Elche in Deutschland sorgt natürlich, auch wie auch beim Wolf, für genügend Zündstoff. Es gibt Befürworter und Gegner wie überall im Leben.

Hier einige Episoden mit Elchen, an denen ich direkt oder indirekt beteiligt war:

***

Meine Schwägerin Simone suchte im September 1978 in meinem Pirschbezirk „Karschwinkel“ Pilze. Als ich in Helmsdorf vor der Jagd aufkreuzte, berichtete sie aufgeregt, dass sie in den Himbeeren auf dem größeren Kahlschlag einen Hirsch gesehen habe, der höher als ein Pferd war, ein rundes Maul wie eine Kuh hatte und dem vom Hals ein langer Bart herabhing. Da hielt mich nichts mehr bei Muttern. Beim Jagdleiter hatte ich mich bereits telefonisch angemeldet. Also ab in den Trabi und ins Jagdgebiet. Am Kahlschlag nahm ich meine DW-Hündin „Sola“ an die lange Leine und umschlug den Forstort mit einer Vorsuche. An der Nordseite zeigte mir die Hündin auf dem lehmigen Waldweg Trittsiegel, die denen einer Rinderfärse ähnelten. Jetzt stand für mich fest: „Das ist ein Elch!“ Seit dem Anblick durch die Schwägerin waren 3 Stunden vergangen. Zaghaft winkte „Diana“. Mein Puls schlug höher und Sola zog mich zügig vorwärts. Die Fährte stand von der Waldkante hinaus in die aufgegangene Rapssaat bis zur Pirschbezirksgrenze, der Ortverbindung Porschendorf-Mühlsdorf. Dort brach ich die Riemenarbeit ab, fuhr zum Jagdleiter und holte mir die Genehmigung zur Weitersuche bis an die Jagdgebietsgrenze Liebetal-Wünschendorf. Der Elch war vor uns in den Revierteil „Schwertkiefer“ und von da aus in Richtung Borsberg gezogen.

Als wir die Jagdgebietsgrenze erreichten, war mir klar, das die ersehnte Jagdbeute längst über alle Berge sein musste. Enttäuscht nahm ich die Hündin heran, die nicht verstehen wollte, dass es nicht weiterging. Mein Blick schweifte über den bewaldeten Borsberg zum Triebenberg. Ich glaubte, mich knutscht ein Elch. Da steht, weit im Nachbarjagdgebiet Graupa, mein Verfolgter und äst friedlich im Zwischenfruchtgemenge die schmackhaften Sojabohnenpflanzen.

Ich hob mein Jagdglas an die Augen und genoss eine halbe Stunde lang den seltenen Anblick. Das junge, weibliche Tier schätzte ich auf zwei Jahre.

Später zog es in die Dresdner Heide weiter, hielt sich dort ein paar Tage auf und wurde in der Folgewoche auf der „Hellerauer Spinne" (heute Autobahnkreuz A4/A13) von einem PKW Wartburg totgefahren. Bei dem Wildunfall soll es auch drei schwerverletzte Personen gegeben haben.

Eine Elchkuh

Da tauchte 3 Jahre später in meiner Jagdgesellschaft Stolpen wieder ein Elch auf. Im Jagdgebiet Rennersdorf war mein Schulfreund Rainer M. Jagdleiter geworden. Rainer pirschte nun auf den Elch und beschoss ihn auf nähere Entfernung mit dem Flintenlaufgeschoss. Das Tier zeichnete nicht und setzte sich im typischen Troll in Richtung der Fernstraße 6 in Bewegung. Am Anschuss waren keine Pirschzeichen zu finden und da es schnell dunkelte begann am Morgen die weitere Nachsuche. Der Deutsch-Drahthaar Rüde des Jagdfreundes W. nahm die vermeintliche Wundfährte auf. Nach kurzer Zeit fing der Hund an zu faseln und wurde abgetragen. Ein anderer Jagdhund arbeitete sich dann auf der sichtbaren Fährte durch Felder und Gehölze bis an die F6, die auch Jagdgebiets- und Gesellschaftsgrenze war. Da auch dort, auf halber Höhe zwischen dem Fischbacher Kreuz und des Kneipe „Dürrer Fuchs", noch keine Schusszeichen zu finden waren, brachen die beiden Weidmänner die Nachsuche erneut ab.

Tage später fanden Spaziergänger an der Bahnstrecke nahe des Massenei-Waldes einen verluderten Elch und meldeten den Vorfall dem Revierförster und Jagdleiter Horst H. in Großharthau. Der hatte bereits Kenntnis von dem im Nachbargebiet beschossenen Elch und untersuchte den Fallwildkadaver, der handlange, ungefegte Spieße trug, sehr genau. Eine Schussverletzung konnte auch er nicht mehr eindeutig feststellen.

Im Nachhinein kam es zwischen dem Schützen und H., der für seine Raubeinigkeit bei vielen Jägern bekannt und nicht sonderlich beliebt war, zu einem heftigen Disput. Rainer M. behauptete, dass er keinen Schmalspießer, sondern ein weibliches Stück beschossen habe. Horst H. tobte und schrie seinen Gegenüber an: „Alles Lüge, so viele Elche rennen hier nicht herum!" Ob er damit recht hatte, ließ sich nicht nachweisen. Er forderte eine Disziplinarstrafe für den Schützen.

Da es für die Wahrheitsfindung über die Kreisgrenze zwischen Sebnitz und Bischofwerda ging, wurden wir, als übergeordnete Bezirksjagdbehörde, hinzugezogen.

Nach den widersprüchlichen Aussagen standen folgende Fragen zur Klärung:

1. Waren in dem Zeitraum wirklich zwei Elche im Territorium unterwegs?
2. Hatte Rainer M. seinen Elch gefehlt ?
3. War der Schmalspießer von einem Zug erfasst und neben den Gleisen verendet?
4. Gab es wirklich keine Schusszeichen?
5. Warum hatte man die Nachsuche an der Fernstraße abgebrochen, ohne den Nachbarjagdleiter zu verständigen?

Nur den Fakt der letzten Frage mussten wir dem Schützen vorwerfen. Er sah diesen Fehler ein und kam mit einem „Blauen Auge" davon.

Ein stattlicher Elchbulle im Bast

Um die Jahrtausende sorgte ein weiterer Elch-Fall für Aufregung. Im östlichen Dresden, nahe der Brücke „Blaues Wunder", war ein männlicher Elch durch die Elbe geronnen und hielt sich in Vorgärten an der Borsbergstraße auf.

Da witterte der große Elchfan und Artenschutzreferent der obersten Naturschutzbehörde seine Chance, den Elch lebend zu fangen und in ein vorbereitetes Gatter in die Oberlausitz zu verfrachten.

Mein vor Jahren, bei der Erarbeitung der sächsischen Jagd- und Schonzeitenverordnung, eingebrachter Vorschlag, dem Elch, wie in Polen, eine kurze Jagdzeit einzuräumen, fand keine Zustimmung bei den Naturschützern in unserem Ministerium. Da seit längerer Zeit der Landesjagdverband eine Jagdzeit für Aaskrähe und Elster forderte, kam es zu einem „Kuhhandel". Elch, Krick- und Knäckente wurden ganzjährig geschont und die beiden Rabenvogelarten erhielten eine Jagdzeit. Die gilt noch heute.

Nun setzte Dr. G. alle Hebel in Bewegung, den Elch lebend zu fangen. Dabei kamen ihm seine Verbindungen zum neuen Direktor des Dresdner Zoos, Dr. L. zugute.

Mit einem Narkosegewehr bewaffnet rückte die Expertengruppe dem großen Säuger auf den Leib. Nach dem Betäubungsschuss drehte das bereits gestresste Tier durch und versuchte über den 1,40m hohen, handgeschmiedeten Vorgartenzaun, mit seinen pfeilartigen Eisenspitzen, zu springen. Der betäubte Elch landete bei seinem Sprung auf dem Zaun und eine Stakete bohrte sich in seine Brust. Das führte zu seinem Verenden.

Erst jetzt erfuhr der zuständige Jagdpächter M. von der Aktion und meldete sein gesetzlich verbrieftes Aneignungsrecht für verunfallte Tiere, die dem Jagdrecht unterliegen, an. Den toten Elch hatte man zwischenzeitlich ins Tierkundemuseum Dresden transportiert. Dort gab es Vorstellungen, das Tier in Lebensgröße zu präparieren. Dem Vorhaben versagte der Jagdpächter seine Zustimmung und forderte die Herausgabe von Decke und Trophäe. Nach längerem Hin und Her übergab man ihm beides. Da narkotisiertes Wildbret für den menschlichen Verzehr gesperrt ist, wollte man dem Jagdpächter dafür nun die Transport- und Entsorgungskosten zur Tierkörperbeseitigungsanstalt aufs „Auge drücken". Das konnte der Jäger über seinen Anwalt abwenden, da die ganze Aktion mit ihm nicht vorher abgestimmt war.

***

Nachdem sich später ein Elch namens „Knutschi" längere Zeit im Osterzgebirge aufhielt, dann weiter westwärts zog und im hessischen Reinhardswald, wie sein Dresdner Vorgänger, die Immobilisierung mit dem Leben bezahlen musste, wechselte 2015 wieder ein männlicher Elch in die Gefilde Dresdens. Ich staune nach wie vor, welche Anziehungskraft unsere Landeshauptstadt auf die Elche hat.

Westlich der Autobahn A4 bei Radebeul beobachtete man jetzt diesen Elch beiderseits der Elbe. Dann geschah das Kuriose. Der Elch drang nahe der trocken liegenden Flutrinne durch eine größere Glastür in den Vorraum eines Gebäudes der Firma Siemens ein und lies sich nicht bewegen, diesen Glaskasten wieder zu verlassen. Viele Schaulustige pilgerten zu dem

Elch und dieser „Krimi“ war ein gefundenes „Fressen“ für die Tagespresse.

Es dauerte auch nicht lange und die Elchexperten aus der Oberlausitz rückten an. Sie beratschlagten, wie sie unter Ausnutzung der negativen Erfahrungen mit früheren Elchen, den inzwischen getauften Siemens-Elch, mit Namen „Ole“, sicher aus der Gefangenschaft in die Oberlausitz verbringen könnten.

Der Wildbiologe Mark N. mit seinen langjährigen Erfahrungen im Rotwildmanagement, insbesondere bei der Besenderung der Tiere, narkotisierte den Elch sachkundig. Nachdem das Tier „eingeschlafen“ war, rückte man einen Tiertransportcontainer rückwärts vorsichtig an die ebenerdige Eingangstür und beförderte den Elch auf die Ladefläche. Dieses Mal ging alles gut. Im Daubaner Gebiet, nicht im Gatter, erhielt der mit Halsband besenderte Elch seine Freiheit.

Bis zum heutigen Tage verfolgen die Wissenschaftler seine Wanderruten in Sachsen, Brandenburg und über der Landesgrenze in Polen. Dort zog er inzwischen seine Fährte bereits bis zur Ostseeinsel Wolin. Alle Beteiligten hoffen, das sich Ole weiter zu einem respektablen Elchbullen in der freien Wildbahn entwickelt. Vielleicht sagt er dann auch in Dresden mal wieder „Guten Tag“?!

Vermasselte Gelegenheiten

Es gibt einen uralten Rotwildwechsel von der Hinteren Sächsischen Schweiz über das Lohmener Basteigebiet und den Karswald bei Fischbach bis in die Dresdner Heide, der für den Genaustausch der beiden Einstandsgebiete sorgt.

Meist zog es einzelne junge Hirsche auf die 30 bis 40 km lange Wanderung. Außerhalb der festgelegten und abgegrenzten Rotwildgebiete konnten früher an den Fernwechseln Hirsche, ohne beiderseitige Krone, erlegt werden. Wenn dann im August die Jagdzeit heranrückte, hofften natürlich die Jäger auf den Zufall, dass bei ihnen ein solcher Hirsch vorbeikommt.

Anfang der 70er Jahre pirschte ich zum Ende der Blattzeit an einem frühen Morgen auf einen abnormen Rehbock, der sich bis dahin meinem Flintenlaufgeschoss durch seine Schlauheit entzogen hatte. Auf dem geharkten Pirschweg schlich ich am Dachsbau vorbei und stieg am Hochsitz zwei Sprossen nach oben, um in den, mit mannshohen Fichten bestockten Felsenkessel, zu blicken.

Da bewegte sich doch ein Fichtenwipfel derartig stark, dass ich dachte, einen Baumdieb zu erwischen. Ich entlud die Doppelflinte und begab mich vorsichtig auf den Hochsitz nach oben. Mit dem 10x50 an den Augen sah ich einen größeren roten Fleck. „Das ist doch kein Rehbock!", durchfuhr es mich. Nein, ein Hirsch schlug mit seinem Geweih in die tiefbeastete Fichte. Nach einiger Zeit schob er sich in eine Lücke und ich sprach ihn als jüngeren Eissprossenzehner an.

Da ich zu dem Zeitpunkt noch nicht auf Rotwild geweidwerkt hatte, musste ich erst mal nachdenken, wann die Jagdzeit auf dieses Wild beginnt. Ich sah auf die Armbanduhr. Das Datum zeigte den 12. August. Nun begann die Jagdzeit auf Rothirsche damals aber erst am 16. des Monats. So zog ich mich diskret zurück und hoffte, dass der Hirsch die paar Tage noch bei mir aushält. Außer Wind lief ich den Hauptweg zurück und fuhr zum Jagdleiter nach Lohmen. Als ich ihm von meinem Erlebnis berichtete, schüttelte Bernfried L. ungläubig den Kopf und meinte: „Wer weiß, was du in deinem Jagdeifer gesehen hast? Rothirsche hat es hier noch nie gegeben!"

Als ich mich am 16. August nachmittags wieder bei ihm zur Jagd anmeldete und ihn um die Freigabe zum Abschuss des Hirsches bat, sagte er: „Du hattest recht. Dein Nachbarjäger, der Arno S., hat den Hirsch gestern am Abend im Gemengeschlag zwischen dem Feldweg und deiner Eichenleiter äsen gesehen. An sich sollte ich, als dein Jagdleiter, ihn erlegen. Da du ihn aber als Erster bestätigt hast, gehe raus und hole ihn dir! Ich habe sowieso jetzt in der Ernte keine Zeit. Weidmanns Heil!"

So machte ich mich auf den Weg und bezog gegen 18Uhr meine hohe Eichenleiter. Es war ein herrlicher, ruhiger Sommerabend. Mein Blick schweifte zum Horizont unserer schönen Landschaft. Aus der Ferne grüßten der Lilienstein, der Hohe Schneeberg, der Sattelberg, der Geising und der Kahleberg. Eingebettet in gelbe Getreidefelder breiteten sich vor mir die Bauerndörfer, getrennt durch kleinere Wälder, friedlich aus.

Als dann gegen 20Uhr die Sonne langsam unterging, damals gab's noch keine Sommerzeit, hörte ich ein Knacken hinter mir. Meine Herzfrequenz stieg und der Atem wurde schneller. Sollte das der Hirsch sein? Angespannt fieberte ich nach hinten in den dichten Laubholzunterstand. Jetzt vernahm ich deutlich, wie er einen Holunder- oder Faulbaumstrauch zusammenschlug. Aber sehen konnte ich noch nichts. Deshalb hieß es warten, bis der Hirsch in den kniehohen Zwischenfruchtschlag wechselte. Da ich zu dem Jagdeinsatz den Drilling vom Jagdleiter erhalten hatte, konnte ich den gesamten Futterschlag mit der Kugel erreichen.

Ein Motorengerausch zog meinen Blick zur Kirschallee, Mir stockte der Atem, als ein Moped rechts in den Feldweg einbog und auf mich zugeknattert kam. 50m vor der Leiter hielt er an, stellte den Motor ab und rief laut meinen Namen. Nun erkannte ich den Mitjäger „Ettl" B.. Ich erschrak in der Annahme, dass irgend etwas Schlimmes passiert sei. Da sah er mich auf dem Hochstand sitzen und rief: „Friedrich, du sollst sofort nach Mühlsdorf in die Kneipe kommen! Bernfried hat kurzfristig für 20Uhr eine Jagdgebietsversammlung angesetzt."

Ich hörte noch, wie hinter mir der Hirsch wegpreschte und verließ fluchend den Hochsitz. Der Jäger war schon wieder auf der Rückfahrt. Im Gasthaus saß nur die knappe Hälfte der Kollektivjäger. Der Jagdleiter entschuldigte sich bei mir kleinlaut, dass er mir bei der Anmeldung vergaß zu sagen, dass der monatliche Versammlungstermin um eine Woche vorverlegt wurde. „Ein Schelm, der etwas anderes dabei dachte!" Ich gab ihm den Drilling zurück, verzichtete auf die Morgenpirsch und fuhr nach der Versammlung nach Hause.

Der Eissprossenzehner wurde nicht mehr gesehen und ist mit großer Wahrscheinlichkeit in sein künftiges Einstandsgebiet gewechselt.

***

Kurz nach der Wende - Drückjagd im Revier Berggießhübel. In der Forstwirtschaft Sachsens wurden einige Forstbedienstete, besonders Forstamts- und Revierleiter, mit der Dienstaufgabe Jagd eingesetzt, die vorher noch keine Jäger waren. Mit einer „Schnellbesohlung" an der Forsthochschule in Tharandt legten sie die Jägerprüfung ab und wurden, teils schon im fortgeschrittenen Alter, nun auch Jäger.

Infolge noch fehlender Jagdeinrichtungen, insbesondere von Ansitzböcken, wurden die Schützen an den Wechseln zu ebener Erde angestellt. Im ersten Treiben fiel nur ein Schuss. Mein Forstkollege Andre K. erlegte einen Sechser-Hirsch. Mein Anblick bestand nur aus einem kapitalen Schwarzspecht, der eine trockene Buchenruine bearbeitete, dass die Späne nur so flogen. Zum zweiten Treiben nahm mich der Forstamtsleiter Wolfgang J., der nun auch Jäger geworden war, mit und stellte mich an einem gegatterten Buchenvoranbau auf der geteerten Waldstraße an. Da wir uns schon viele Jahre aus dem ehemaligen Forstbetrieb Königstein kannten, sprach er ganz vertraut: „Friedrich, hier an dem Zaun kann es möglich sein, dass von da oben, zwischen den Felsen, das getriebene Wild auf dem Zwangswechsel zwischen der Dickung und dem Knotengeflechtzaun herunterkommt. Ich stehe weiter oben an der Hangkante und hole dich um 12Uhr wieder ab. Weidmanns Heil!" Ich wünschte ihm das gleiche und sah ihn in seiner typischen, leicht gebeugten Haltung mit eingezogenem Kopf, in der Kurve verschwinden.

Den Drilling geladen und über den Rucksack gelegt, den Sitzstock in den Boden gedrückt blickte ich zweifelnd zwischen Zaun und Dickung nach oben und dachte : „Wenn von da oben wirklich Wild anwechseln sollte, dann zieht es in der Dickung herunter und zwängt sich nicht durch die Äste am Zaun entlang." 10m neben mir führte tatsächlich aus den 3m hohen Fichten, die dicht wie die Haare auf dem Hund standen, ein im Schnee sichtbarer, begangener Wechsel über den ausgebauten Waldweg.

Niedergelassen auf meinem Sitzstock, lehnte ich mich an den Zauneckpfosten und leuchtete mit dem Jagdglas den mit Altbuchen bestockten Gegenhang ab. Dabei behielt ich die Stelle des Wechsels im Auge. Die Zeit tröpfelte dahin. Da spürte ich unterhalb der Magengegend ein schmerzhaftes Grummeln im Bauche, das immer stärker wurde. „Verdammt, du hast dich doch heute morgen schon gelöst und das Frühstück nach dem ersten Treiben war auch in Ordnung", sinnierte ich. Aber der Druck erhöhte sich. Nachdem ich den Lodenmantel abgelegt hatte, lief ich über die Straße, durch den Graben und kratzte unter einer Altfichte mit der Haxe ein Loch in die Nadelstreu. Drei Hosen herunter, Hinhocken und mit großer Erleichterung prasselte es aus mir heraus.

Da riss es doch plötzlich meinen Blick zum Zaun hoch. Seelenruhig zog ein abnormer, junger Hirsch von den Felsen auf den Zaun zu und in meiner Richtung an ihm entlang. Zwischen uns beiden lag der Drilling auf dem Rucksack. Ich fuhr hoch, sprang mit heruntergelassenen Hosen wie ein Frosch durch den Straßengraben, robbte mit nacktem Spiegel über den Weg und griff zur Waffe. In dem Moment verhoffte der Hirsch, wendete und ich sah im Ziel 4 nur noch seine Keulen und ein Geweih wie ein Fahrradlenker mit verkrüppelten Enden. Und so machte er sich aus dem Staube, wie er gekommen war. Ich hätte mich, als ich mich wieder ankleidete, kreuzweise in den A... beißen können. Nie hätte ich geglaubt, dass mein alter „Jungjäger" Wolfgang mit seiner Prophezeiung so recht hatte.

Als ich mich nach dieser Blamage auf meinem Sitzstock hockte, gewahrte ich an der Oberkante des Gegenhanges gegen den Himmel eine stärkere Sau, die sich sehr zügig in Richtung meines Anstellers bewegte. Der Schnee stiebte, mit dem Glas verfolgte ich den mittelalten Keiler und wartete auf den Schuss des Forstamtsleiters. Und da knallte es auch schon. Der Schnee schluckte das Echo. Obwohl es noch gut 10 Minuten bis zum Jagdende waren, kam Wolfgang mit schweißigen Händen auf mich zugelaufen.

Ich entlud meinen Drilling und trat auf die Waldstraße. Da rief er mir schon von Weitem zu: „Warum hast du denn den Keiler nicht geschossen?" Ich entgegnete: „Der war zu weit, zu schnell und ohne sicheren Hintergrund! Und deshalb hast du ihn ja gestreckt?" „ Denkste, großer Mist, ich sehe das Schwein kommen, schiebe eine Kugel in den Lauf meiner Bockbüchsflinte, klappe die Läufe hoch, dabei bricht der Schuss und ich klemme mir noch den halben Daumen ein", sprach der Verletzte betroffen. Der Rand des Patronenlagers vom oben liegenden Schrotlauf hatte ihm beim Schließen das Weiche zwischen Daumen und Zeigefinger zerstanzt. Dass sich der Schuss löste, wollte er nicht kommentieren. Der ging glücklicherweise in die Botanik. Offensichtlich hatte er den Finger am entsicherten Abzug. Nachdem ich mein Erlebnis berichtet hatte, kamen wir zu dem Schluss: „Da haben wir beiden „Experten“ bei dieser Jagd so richtig in die ‚Sch...‘ gegriffen!“

***

Seit der Jahrtausendwende treffen sich gestandene Wachtelhundführer und Züchter zur jährlichen Ansitzdrückjagd auf Rot-, Reh-, Schwarz- und Muffelwild im Revier Reinhardtsdorf in der Sächsischen Schweiz. Vom Jagdleiter Mario P. und seinem zuständigen Revierleiter, auch Wachtelhundführer, wird diese Jagd hervorragend organisiert und ist für jeden Teilnehmer ein Erlebnis. Die Wachtelhunde, als versierte Stöberer, werden vom Stand aus geschnallt und jagen mit Unterstützung erfahrener, einheimischer Treiber das Wild vor die Schützen.

Dabei ließ es sich der Jagdleiter nicht nehmen, selbst als „Obertreiber“ zu wirken. Bei den meisten Jagden nahm er mich persönlich mit und wies mich auf dem Schützenstand mit meiner jeweiligen DW-Hündin ein. Anblick hatte ich immer und meist kam ich auch zu Schuss.

Im November 2006 war es dann wieder mal soweit. Nach der Einweisung, es blies, wie oft, der eisige Böhmische Wind, bezogen wir unsere Stände. Mario wies mir ein hohe, freistehende Leiter zu. Mit dem Rücken zur Dickung hatte ich Schussfeld in ein Kiefernbaumholz und eine Grasschneise, die sich den Hang hinaufzog. Mario sagte mir noch, dass auf der andren Dickungsseite, oberhalb des Gelobtbachtales, ein Jäger aus Jena mit seinen beiden Wachtelhunden sitzt.

Obwohl der Wind immer noch stark wehte, fielen in näherer und weiterer Entfernung hörbare Schüsse. Da bemerkte ich an der Oberkante wie eine stärkere Sau die Schneise überfiel. Kurz danach hörte ich den Schuss meines Nachbarn. Es war keine Sekunde vergangen, als mindesten drei Hunde mit Standlaut die Sau attackierten. Der Laut ebbte ab , als ein weiterer Schuss fiel und der Schütze mehrmals „Aus!“ brüllte. Kurze Zeit später erschien meine „Susi“, äugte nach oben, ob ich noch da bin und stöberte in den nach Westen abfallenden Hang. Nach einigen Minuten ertönte ihr Fährtenlaut in meine Richtung.

Und an der gleichen Stelle wie Sau, schob sich ein Rothirsch auf die Schneise und verhoffte spitz zu mir. Ein jüngeres „Semester“ mit einem Geweih, rund wie ein Wagenrad mit zusammenstoßenden Enden, äugte aus 100 Metern nach mir. Erst als er sein Haupt zur Dickung drehte, konnte ich ihn als ungeraden Sechser ansprechen. Die linke Stange hatte über der Augsprosse nur einen langen, nach innen gebogenen, dolchartigen Spieß. Als sich der Laut der Hündin näherte, drehte sich der Hirsch zur Dickung und im Eintauchen fasste ihn meine Kugel. Sein Fluchtgepolter vernahm ich bis zur Dickungsmitte. „Susi“ erschien auf dem Wechsel, ich pfiff sie heran und legte sie, da ich meiner Kugel sicher war, unterm Hochsitz ab. Plötzlich ertönte wieder Hetzlaut mehrerer Hunde aus der Dickung, der sich in Richtung Landesgrenze entfernte.

Jagd vorbei! Auf dem Steckenplatz meldete ich die Nachsuche beim Stellvertreter Thomas

B., ebenfalls Wachtelhundeführer und Prüfungswart der Rasse DW, an. Da trat mein Jenaer Nachbarschütze, den ich bis dahin noch nicht kannte, heran und tönte laut, dass es die ganze Jagdgesellschaft hörte: „Die Nachsuche kannst du dir schenken. Meine beiden Wachtelhunde und ein Deutsch-Langhaar brachten mir kurz vor um 12 einen kerngesunden, hochflüchtigen Sechserhirsch vorbei und schafften ihn parallel zum Hang weg. Den hätte ich auch gern erlegt, aber ich bekam ihn vor den Hunden nicht frei!" Sollte ich den Hirsch wirklich gefehlt haben? Der Jagdleiter gestattete mir, die Nachsuche in Begleitung eines Jungjägers mit meiner Hündin, die eine eiserne Kondition besaß.

Ich aß ein paar Bissen und ab ging's zum Anschuss. Nach 20m verwies „Susi" die ersten Schweißtropfen. Ich atmete auf. In der Dickungsmitte standen wir vor einem ausgeprägten Wundbett mit Schweiß, wie aus der Gießkanne. Aber nirgendwo lag der verendete Hirsch! Jetzt wurde mir klar, das die drei Hunde den Hirsch aus dem Wundbett aufgemüdet und lauthals verfolgt hatten. Nach einer kurzen Pause arbeitete meine Hündin freudig weiter, am Sitz des Jenaers vorbei, bis in eine zusammengebrochene Omorika-Fichtendickung am Steilhang. Hier fanden wir ein Tropfbett, wo der Hirsch verhofft hatte. Die weitere Fluchtfährte mit weniger Schweiß, war für den Hund kein Problem. Doch dann standen wir an einem Bach und ich sah mit Schrecken den Grenzstein mit der Aufschrift „CS". Jetzt wusste ich, dass wir am Grenzbach, dem Gelobtbach, standen. „Susi" zog durchs Wasser und suchte bereits im Nachbarland Auch hier sah ich noch Schweiß und die Eingriffe des Hirsches. Der Gegenhang im Feindlichen war mit hohen Altfichten bestockt unter denen eine stubenhohe und bürstendichte Naturverjüngung sich ausbreitete und den gesamten Hang hochzog.

Mein Verstand befahl mir, die Nachsuche vorerst abzubrechen, denn ich hatte keine Lust von tschechischen Grenzern oder Förstern festgenommen zu werden. Aber der Hirsch steckte mit hoher Wahrscheinlichkeit, verendet im Hang. Ich verbrach in der Nähe des Grenzpfahles die Wundfährte gut sichtbar in Augenhöhe mit rotweißem Plastikband. Am Streckenplatz wieder angekommen, dunkelte es bereits. Thomas B. erwartete mich schon sehnsüchtig. Nach meinem ausführlichen Bericht versprach er mir, sich mit den tschechischen Kollegen in Verbindung zu setzen und ich bot mich auch für die weitere Nachsuche im Nachbarland an.

Auf meinen Anruf am Montagmorgen im Forstamt teilte mir Thomas mit, dass die tschechischen Nachbarkollegen am Sonntag keinen Hirsch gefunden hätten und eine Nachsuche in meinem Beisein nicht gewollt war. Ich frage mich bis zum heutigen Tage: „Wurde der Hirsch überhaupt weiter nachgesucht, oder hat man ihn sich ohne viel Mühe samt Trophäe angeeignet?" So bleibt sein Schicksal nach den misslichen Fakten, für mich sicher, auf ewig ungeklärt.

Meine DW-Hündin „Tinca vom Strudelberg" (Susi) und ihr letzter Welpe

Jagdeinrichtungen

Meine Jagdkanzel seit 1975

Die Geschmäcker beim Bau von jagdlichen Einrichtungen gehen weit auseinander. Die einen Jäger schwören auf ihre Bauart und die anderen behaupten, dass sie es anders und besser können. Dabei ist es wichtig, dass die Bauwerke sicher sind, sich in die Landschaft einpassen und ihren Zweck optimal erfüllen.

Obwohl ich ein begeisterter Pirschjäger bin, besonders in den Morgenstunden, komme ich ohne Hochsitze, besonders im Sauen -und Rotwildrevier, nicht aus. Als ich 1973 meinen Jagdmeister in Zollgrün erfolgreich abgeschlossen und mein Bruder Roland seine Jagdeignungsprüfung bestanden hatte, gingen wir daran, unseren Pirschbezirk im Jagdgebiet Lohmen mit Leiterhochsitzen auszustatten. Mein sogenannter Karschwinkel auf der Plateaulage, mit Mischwald bestockt, war von Wiesen und kleineren Feldern der Fluren Mühlsdorf und Porschendorf umschlossen. Der Mittelweg bis zum Wesenitzklamm trennte die südliche von der nördlichen Waldhälfte. Das Rehwild, Sauen waren damals nur Wechselwild, wechselte bereits in den frühen Abendstunden in die blühenden Wiesen und besonders in die schmackhaften Rotkleeschläge. So bestückten wir die Außenfronten mit 3,5m hohen Ansitzleitern und stellten sie gedeckt in die Randeichen. Zu jeder Ansitzeinrichtung harkte ich im April vor Aufgang der Bockjagd vom Mittelweg aus einen Pirschweg, um das bereits draußen stehende Wild nicht zu vergrämen. Nahe des größeren Bausystems in der Löß-Lehmauflage zwischen Sandsteinblöcken, in dem Dachs und Fuchs hausten, legten wir in Schussnähe der Ansitzleiter noch einen Kunstbau und einen Luderschacht an. Dort rückten wir den roten Freibeutern auf die Pelle.

Eine besondere Herausforderung war der Bau unserer geräumigen Schlafkanzel. Um in den kurzen Nächten der Sommermonate nicht erst nach Helmsdorf fahren zu müssen und im Winter den Sauen nachstellen zu können, bauten wir eine Massivkanzel mit einer Grundfläche von 2x1,5m, wo auch zwei Luftmatratzen Platz fanden. Ein ordentliches Satteldach, Schießluken mit Fensterläden außen und Klappfenstern innen sowie Außen- und Innenverkleidung aus Dachpappe bzw. Teppichboden ließen auch in strengen Frostnächten mit unserem Katalit-Öfchen Behaglichkeit aufkommen. Drehsessel, Klapptisch und Armauflagen sind

Vorraussetzung für sicheres Schießen. Der Einstieg erfolgt über eine vandalensichere, nach innen zu öffnende und sicher verschließbare Fußbodenklappluke.

Diese Jagdkanzel dient mir inzwischen am vierten Standort, mit nunmehr imprägniertem Unterbau, bereits über 40 Jahre und garantiert jagdliche Erfolge. Schwarzwildkirrung, Mahlbaum, Salzlecke in mittlerer Kugelschussentfernung und ein abgedeckter Luderschacht für den Schrotschuss auf den Winterfuchs gehören zum Inventar.

Nach meinem Wechsel 1991 in die Laußnitzer Heide steht die Kanzel nunmehr an einer holzleeren Grünfläche, die bis vor wenigen Jahren noch als Wildacker bestellt wurde. Dazu komplettierte ich besonders für den Rotwildansitz den ca. 80ha großen Kiefernwaldpirschbezirk mit Buchen- und Eichenvoran und - unterbau mit 15 Stück 4,5m hohen, freistehenden Ansitzleitern, die ich gegen Umwerfen um Altkiefern gebaut und verankert habe. Damit entfällt das üble Annageln an Bäume und das lästige Schaukeln der Hochsitze bei Wind. Das Aufstellen von Ansitzböcken, wie in der übrigen Heide, erübrigte sich, da der Pirschbezirk größtenteils Naturschutzgebiet ist, und hier sehr selten Ansitztreibjagden stattfanden. Lediglich in einem größeren Kieferndickungskomplex habe ich mir eine offene, quadratische Kanzel mit Krähenfüßen zur Sauenbejagung mit Verkleidung bis in Brusthöhe gebaut. In einem meist trocken liegenden Graben erreiche ich den Hochsitz nahezu lautlos.

Gemäß der Jagdruhe, infolge Intervalljagd im Forstbezirk Dresden, in der Zeit von Februar bis April und Juni/Juli bleibt mir genügend Zeit, meine Jagdeinrichtungen unbewaffnet zu kontrollieren, zu reparieren und bei Verfall zu erneuern. Meine Ansitzleitern, gebaut mit getrennten, besäumten Sprossen und starken Fichtenholmen, halten, je nach Sonnen-einstrahlung mit schneller Austrocknung, ca. 15 Jahre. Infolge des drastischen Rückganges der Schalenwildbestände (Afrikanische Schweinepest, Wolf und ‚effektiverer' Jagdmethoden) haben meine Leiterhochsitze nun ausgedient. Sie werden flächendeckend durch Drückjagdböcke ersetzt.

Da ich häufig als Jagdgast mit meinen Wachtelhunden auf Bewegungsjagden und auch auf dem Einzelansitz das Weidwerk ausübe, stelle ich oft folgende Mängel an den Ansitzeinrichtungen, die Ursache für Fehlschüsse sind, fest:

- zu hohe Schussleisten
- fehlende Seitenauflagen für den Arm des Schießfingers
- zu hohe Sitzflächen (Beine baumeln und schlafen ein) oder zu niedrige (man sitzt wie auf einem Nachttopf und kann sich mit den Knien fast die Ohren zuhalten)
- zu enge, zu kurze oder zu tiefe Sitze, dass man beim Anlehnen fast in Rückenlage - schießen müsste
- schlecht ausgeschnittenes Schussfeld
- mit Ästen vernagelte Ansitzböcke zur Tarnung. Die nach oben überstehenden Stummel provozieren bei Drückjagden ein Verheddern des Gewehrriemens und stören ein glattes Mitschwingen besonders im Sitzen

Ich frage ich mich manchmal, ob die Erbauer dieser Einrichtungen das nötige jagdliche Rüstzeug besitzen oder schon selbst mal von diesen Hochsitzen aus gejagt haben.

***

Nun eine Begebenheit aus meiner Dienstzeit, deren Ursache Jagdeinrichtungen waren, die zu berechtigten Kritiken durch Naturschützer führten. Da erhielt die Landesforstverwaltung um die Jahrtausendwende vom Naturschutzbund Deutschland (NABU) aus dem Raum Leipzig einen Beschwerdebrief, in dem es um untragbare Zustände betreffs Jagdeinrichtungen eines „Begehungsscheininhabers" in einen Naherholungsgebiet des Landesforstes unweit von Leipzig ging. Mein Chef, Oberlandforstmeister R. beauftragte mich mit der Überprüfung vor Ort.

So machte ich mich auf den Weg und wurde nahe der Autobahnausfahrt N. bereits vom zuständigen Forstamtsleiter und dem Vertreter des Naturschutzes empfangen. Auf der anschließenden Kontrollfahrt zeigte uns der Naturschützer das Pirschgebiet des genannten Jagderlaubnisscheininhabers. Der hatte im letzten Jagdjahr eine beachtliche Rehwildstrecke erreicht und man war über ihn des Lobes voll. Doch mit welchen Mitteln und von welchen Jagdeinrichtungen aus, ließ es mir kalt den Rücken herunter laufen. Dem Forstamtsleiter, der davon noch nichts wusste, war diese Begehung schon am ersten „Leiterhochsitz" äußerst peinlich. Warum der örtliche Revierleiter nicht anwesend war, entzieht sich bis heute meiner Kenntnis. Er wird schon seine Gründe dafür gehabt haben.

Was führte uns der Naturschützer , der im Übrigen kein Jäger war, nun vor:

1. Die Jagdkanzeln, soweit man sie als solche bezeichnen konnte, waren aus einem Gewirr von halbverfaulten Stangen und Brettern zusammengeschustert worden, so dass man keine Worte fand.
2. Leiterhochsitze hatte der Jäger mit riesigen Nägeln verschiedener Fabrikate an astfreie Stämme wertvoller Laubbäume befestigt. In Kopfhöhe hatte er Linoleumlappen als Regenschutz mit rostigem Draht verspannt.
3. In einer hüfthohen Eichenkultur befand sich ein Kirrplatz für Rehwild, der großflächig mit verschimmelten Backwaren und anderen Leckereien aus der Küche beschickt war.
4. Vor einer weiteren Hochsitzschabracke hatte der „Weidmann" einen Luderplatz für Sauen und Füchse angelegt, auf dem es entsetzlich stank. Aus einem schräg eingegrabenen Schamottrohr ragten die Reste eines verwesten Rehs und an einem Baum hing ein größerer Zwiebelsack mit Fleischresten, aus dem die Schmeißfliegenmaden auf den Boden tropften.

Diese Beispiele reichten mir. Angewidert verabschiedete ich mich gegen Mittag und legte am Folgetage meinen Kontrollbericht vor. Der für die Verwaltungsjagd zuständige Referatsleiter veranlasste die sofortige Rücknahme des Jagderlaubnisscheines von dem sonst doch so aktiven Rehwildjäger.

In der Tagespresse im Leipziger Land las man kurze Zeit später nach Schilderung des Sachverhaltes im Naherholungsgebiet N. noch das folgende Zitat: „Da musste erst einer aus der Landeshauptstadt aufkreuzen, um der ‚Sauerei' hier im Walde ein Ende zu setzen!"

Diese Veröffentlichung stieg den örtlichen Forstleuten und der Forstdirektion nun erst so richtig in die Nase.

Obwohl ich geraume Zeit später nicht wusste und nur ahnte, worum es ging, bestellte mich der Leiter der forstlichen Mittelbehörde zu einem Gespräch nach Graupa. Ich fragte meinen Chef, ob ich dazu verpflichtet bin. Der Oberlandforstmeister erwiderte: „Herr Schneider, fahren Sie nach Graupa und berichten Sie mir morgen, was der Forstpräsident Dr. K. Ihnen zu sagen hatte." Nach einer längeren Wartezeit im Vorzimmer wurde ich hereingerufen und mit folgenden Worten begrüßt: „Herr Schneider, Sie werden sicher nicht wissen, warum Sie hier sind. Es geht um Ihre eigenmächtige Kontrolle der Jagdeinrichtungen im Revier N. bei Leipzig. Was hat Sie veranlasst, so eine Dienstaufgabe ohne mein Wissen zu unternehmen? Dazu waren Sie als Jagdreferent der obersten Jagdbehörde nicht autorisiert!" Meine Antwort: „Den Dienstauftrag erhielt ich von unserem gemeinsamen sächsischen Forstchef!"

Dr. K. schluckte und sein Stellvertreter L. nickte mit dem Kopf.

Hochsitze vom „Feinsten"

Dann reichte ich den beiden Herren die Bilder der „vorbildlichen Jagdeinrichtungen" über den Tisch. Da holten sie tief Luft und K. schnaufte: „Aber konnten Sie denn nicht wenigstens verhindern, dass die Presse davon Kenntnis erhielt." „Darauf hatte ich keinen Einfluss. Der Beschwerde führende Vertreter des NABU wird sicher dafür gesorgt haben", entgegnete ich.

Dr. K. , als Vollblutjäger bekannt, ließ sich abschließend noch zu folgendem Satz hinreißen: „Es ist ein Jammer, so einen aktiven Jäger in die ‚Wüste' zu schicken. Wir in Bayern kirren und ludern seit jeher auch mit Unfallwild in der Art wie der gescholtene Jäger. Sie wohl nicht?"

Ich schüttelte mit dem Kopf, berichtete am Folgetage meinem Chef von dem Gespräch und machte mir dabei so meine eigenen Gedanken.

Zivilcourage

Zivilcourage – ein mutiges Wort. Doch wer diese hat, der lebt gefährlich. Das habe ich mehrfach am eigenen Leibe und meinem Eigentum zu spüren bekommen.

Schon meine Großeltern, Eltern, Lehrer, frühere Mitarbeiter und Jagdfreunde haben mich so erzogen und geprägt, dass ich Missständen und Handlungen gegen die Achtung, besonders älterer Menschen und ihrer Arbeit sowie gegen Tiere und die Natur furchtlos entgegentrete. Dabei habe ich mich in der Aufregung auch schon mal, man verzeihe mir, im Ton vergriffen. Denn wer vom Lande kommt, hat oft eine raue Schale, aber einen weichen Kern.

Doch leider gibt es auch heute viele Erscheinungen, wo es ratsamer ist, wegzuschauen und die Rute einzuziehen. Denn wie schnell wird eine mutige Haltung so ausgelegt, dass man am Ende der Dumme und Geprellte ist.

In den 80er Jahren, auf der Heimfahrt in der Straßenbahn, forderte ich mal, in voller Forstuniform, einen angetrunkenen sowjetischen Sergeanten auf, der eine ihm gegenübersitzende junge Frau begrabschte: „Konez tepjer!“ (Schluss jetzt). Die Frau hatte schon mehrmals dessen Hand von ihrem Oberschenkel beiseite geschoben. Doch das hatte ihn weniger gestört und er hantierte weiter. Die mit in der Bahn sitzenden Männer sahen geflissentlich beiseite. Als die „Tram“ am Moritzburger Weg, gegenüber der Kaserne hielt, erhob sich der Grabscher mühsam von seinem Sitz, torkelte zur Tür und beschimpfte mich, indem er sich umdrehte: „Jub twoje match, Faschist!“ Ich erspare mir die Übersetzung, denn für mich war das ein beredtes Beispiel „Deutsch-Sowjetischer Freundschaft“.

Als Förster und Jäger begegnet man im Walde häufig Bürgern, die sich bei der Begehung von Ordnungswidrigkeiten und sogar Straftaten keinen Kopf machen. Feuer und Rauchen im Walde, illegale Müllablagerungen, das Befahren mit Kraftfahrzeugen (Quadts und Geländemotorrädern), Baumfrevel, Reiten außerhalb der vorgesehenen Wege und nicht zuletzt kann man der mutwilligen Zerstörung von Jagdeinrichtungen fast täglich begegnen. Trotz der Jedermannsrechte ist eine Verfolgung dieser Taten seit der Trennung von Hoheit und Betrieb in unserer sächsischen Forstwirtschaft schwieriger geworden. Denn, wenn die Täter nicht an Ort und Stelle die Macht des Gesetzes zu spüren bekommen, verpufft in den meisten Fällen das erzieherische Moment. Und tritt man bei späteren Verfahren als Zeuge auf, so muss man mit der Rache der Übeltäter rechnen.

Als von der unteren Jagdbehörde bestätigter Jagdaufseher auf dem Dresdner Heller erwischte ich mal Pilzsucher beim Rauchen. Schon ihr ungepflegtes Äußeres und die Schnapspullen, die aus den Jackentaschen ragten, ließen auf ihr soziales Umfeld schließen. Es herrschte Waldbrandstufe 4. Als ich sie fragte, ob sie sich bei der Trockenheit im Walde bei ihren Handlungen etwas denken, brannten er und seine Begleiterin sich neue Zigaretten an. Ich herrschte sie an, das zu unterlassen. Da lief der „Qualmer“ dunkelrot an und ging mir an die Gurgel. Er ließ erst los, als ich mein feststehendes Jagdmesser zog und ihn mit der anderen Faust zurückstieß. Glücklicherweise begleitete mich ein Forststudent, der sich auf die Jägerprüfung vorbereitete und abseits von mir stand. Die später eintreffenden Polizisten beschimpfte dieser „Assi" ebenfalls, rückte ihnen auch auf die Pelle und versuchte ihnen mit lallender Stimme weiszumachen, dass ich ihn mit dem Messer bedroht habe. Da er sich nicht ausweisen konnte, ließen die Ordnungshüter die Handschellen klicken und nahmen die beiden Nikotin- und Schnapskonsumenten mit auf ihre Dienststelle.

Nun ist man ja als Förster und Jäger in seinem Umfeld bekannt und wird von den meisten Anwohnern und Waldbesuchern geachtet. Aber es gibt zunehmend immer mehr Zeitgenossen, die ohne Fachkenntnisse, an allem etwas zu meckern und zu nörgeln haben.

Die einen stört, dass Wildtiere erlegt werden. Weil sie kein Fleisch oder andere tierische Produkte mögen, „fressen" sie als Veganer den Tieren das Futter weg. Sie tragen Pelze, Textilien und Schuhe aus Kunstfasern, die später als Sondermüll entsorgt werden müssen, anstatt auf altbewährte Naturprodukte zurückzugreifen.

Andere stören sich daran, dass auch Jagdhunde nachts mal bellen, wenn sich „halbgewalkte" Gestalten in den Gärten zu schaffen machen oder illegale Feuerwerke bei jeder passenden Grillparty abgebrannt werden. Andere regen sich auf, wenn der Gockelhahn in der frühen Morgenstunde den neuen Tag ankündigt. Weitere stört es ungemein, dass die Wälder durchforstet und dabei Wege durch Großtechnik in Mitleidenschaft gezogen werden und das Astholz auf den Harvesterstreifen liegen bleibt. Und Schuld daran sind Jäger, Förster, Bauern und auch Tierhalter.

Leider ist die Achtung und der Respekt vor der wahren „Grünen Zunft", besonders von der urbanen jungen Generation trotz verstärkter Öffentlichkeitsarbeit der Forst- und Jagdbehörden und der jeweiligen Verbände noch lange nicht dort, wo man sie hinhaben möchte. Auch die Einsicht als viel gepriesenen Weg der Besserung lässt stark zu wünschen übrig. Das Desinteresse an der Natur verspürt man spätestens dann , wenn man auf dem Waldweg von einem aufs Smartphon starrenden Jugendlichen mit Joint im Mundwinkel fast über den Haufen gerannt wird, oder wenn Geo-Casher ihre Suchpunkte und Adressenschachteln in Nistplätzen der gefiederten Waldbewohner, wie des Waldkauzes, deponieren und zu jeder Tages- und Nachtzeit an den unmöglichsten Orten die Natur stören. Ihnen folgen die Graphiti-Schmierer, die sogar vor einer Friedhofsmauer nicht haltmachen. Neulich fand ich auf dem Heller mitten im Walde eine zwischen zwei Birken gespannte 10 Quadratmeter große Plastikfolie mit „künstlerischen Ergüssen" besprüht. Auf den Lehr- und Orientierungstafeln im FFH (Flora, Fauna, Habitat)-Gebiet haben sich diese Schmierfinken so verewigt, dass sich der Besucher nicht mehr orientieren kann. Der neueste Schrei sind illegal gebaute Rennstrecken von Montain-Bikern in hügeligen Waldbeständen gespickt mit Sprungschanzen, Feuerstellen, Grillplätzen und überdachten „Blockhütten".

Nun muss man aber auch bei diesen Leuten vorsichtig sein, denn unter ihnen sind nicht selten militante, gewaltbereite Subjekte. Oft kämpfen hier Förster, Jäger, Naturschützer und Wanderfreunde auf verlorenem Posten.

Ich wünschte mir, dass alle Bürger, die Zivilcourage zeigen, auf welchen Gebieten auch immer, in der Gesellschaft stärker unterstützt, geschützt und geachtet werden.

Hinweistafel auf dem Dresdner Heller von „Graphiti-Künstlern" verziert

Ein Medaillenbock

Ende Juli 2017 begleiteten wir unseren Freund und bekannten Nimrod Wolfgang W. im Oberlausitzer Kemnitz auf seinem letzten Weg in die ewigen Jagdgründe. In der kleinen Dorfkirche lagen neben dem Bild unseres Weidmannes sein Jagdhut, sein Jagdhorn, sein Jagdglas und die Goldmedaillentrophäe seines noch zu DDR-Zeiten gestreckten, stärksten Rehbockes. Von seiner Jagdhorngruppe wurde ihm das letzte -Jagd vorbei und Halali- geblasen und eine große Jägerschar verabschiedete sich von ihm bei herrlichem Sonnenschein an seiner letzten Ruhestätte.

Nun wollte es der Zufall, dass am gleichen Tage unser Jagdfreund und Forstkollege Wilfried M. im Nachbardorf zum jährlichen, gemütlichem Zusammensein mit anschließendem Ansitz auf den roten Bock eingeladen hatte. Hauptthema war natürlich der plötzliche Tod von Wolfgang im 77. Lebensjahr. Viele gemeinsame Erlebnisse mit heiteren, schönen aber auch mit wenigen unerfreulichen Begebenheiten machten die Runde. So verging die Zeit und schon bald mahnte Wilfried zum Aufbruch zur Jagd. Mich nahm er persönlich mit und schickte mich vom Feldweg aus zu einem Hochsitz in einem Baumschutzstreifen zwischen zwei großen, zur Ernte stehenden Weizenschlägen. Hier hatte ein starker Rehbock seinen Einstand. Vom Westen her wehte ein ziemlich giftiger Wind. Ich war froh, dass ich die dicke Jagdjacke über den Rucksack geschnallt hatte. Als die Sonne neben dem Löbauer Berg den Horizont küsste, schlief der Wind ein und ich wartete auf das Treiben eines Bockes. Auf ein paar vorsichtige Fieptöne reckte aber nur eine betagte Ricke ihre Lauscher aus den Weizenähren. Kurz danach fiel ein Schuss aus Richtung Schweinemästerei, der für den Abend der einzige blieb. Dann nahm das Büchsenlicht rasch ab und man konnte kein Reh mehr sicher ansprechen. So schoben sich die einzelnen Jagdgäste, einer nach dem anderen, wieder bei Familie M. auf der Terrasse ein.

Einer unserer Veteranen, Gerd F., hatte einen starken, älteren und ebenmäßigen Sechserbock gestreckt. Alle Jäger und deren Anhang freuten sich mit dem glücklichen Schützen. Und so wurde es noch ein langer Abend. Jeder erzählte über seinen Anblick und das, was er von der Rehbrunft erlebt oder vom Ansitz aus beobachtet hatte. Die beiden Nieskyer Jäger Jürgen B. und Uwe G. saßen an einem Bachlauf, der von Buschwerk und einer lang gestreckten Wiese besäumt ist. Jürgen hatte auf der Wiese einen jungen Gabler vor sich, der eine Ricke trieb und Uwe berichtete: „Bei mir wechselte ein zweijähriger Sechserbock mit doppelt lauscherhohem und ebenmäßigem Gehörn aus dem Raps. Aber so etwas schießt man doch nicht tot!“

Da ich ihm gegenübersaß, warf ich spaßhaft ein: „Den hole ich mir morgen früh!“ Alles lachte.

Nach und nach brach man dann in die heimatlichen Gefilde auf. Meine Frau und ich hatten uns in einer benachbarten Pension eingemietet. Nun war ich der einzige Jäger, der am Morgen erneut zeitig aus den Federn kroch und auf Jagd ging. Wilfried wies mir einen Stand an einem Rapsfeld zu, wo die Sauen in den Morgenstunden aus dem angrenzenden Weizen wechseln sollten. Dort musste ich um 4 Uhr sitzen. Sollten die Sauen ausbleiben, hatte ich freie Büchse: „Soweit die braune Heide reicht".

Ich bezog meinen Hochstand am 1,3 m hohen Raps als der Morgen langsam zu grauen begann. Später färbte sich der östliche Horizont mit einem rötlichen Strich und die ersten Vögel verkündeten den neuen Tag. Nun hoffte ich auf Geräusche im Weizen oder in der verfilzten Ölsaat. Aber nichts tat sich. Ich ließ meinen Blick hinunter in das Wiesentälchen schweifen, wo am Abend die beiden Nieskyer Jäger gesessen hatten. Da bemerkte ich nahe dem verlandeten Teich zwei schwarze Flecken an der Buschkante. Mit dem 7x50 sprach ich sie als mittlere Sauen an, die scheinbar aus der Suhle kamen. Als sie sich dann hinter dem Feldgehölz, von mir weg, in Richtung Gemeindewald verkrümelten, hielt mich nichts mehr auf dem Ansitzbock. Entlang des Feldweges pirschte ich zur Wiese runter und schlich an der Rapskante zur sogenannten 150 Euro-Leiter, von der ich bereits vor Jahren einen guten Rehbock erlegen konnte. Die stand 30 m im Feld an einer einzelnen Esche. Ich fitzte mich durch die Fruchtstände, dass die reifen Rapsschoten nur so aufspritzten und die Samen später in allen Jackentaschen zu finden waren. Von der Leiter aus konnte ich die vor mir liegende Wiese mit frischer Äsung und die sich herumziehende Feldkante sehr gut einsehen.

Der alte Sechser

Es war inzwischen 5 Uhr geworden, als sich aus der äußersten rechten Ecke aus dem Raps ein starkes Stück Rehwild schob. Glas hoch. Ein kapitaler Bock mit weiß polierten, hohen Sechserstangen, breiten nach unten gezogenen Dachrosen und aschgrauem Gesicht bewegte sich langsam suchend nach weiblichen Hormonen, in meine Richtung. Als ihn die Rapskante kurzzeitig freigab, ließ der gedrungene Träger auf einen 5- bis 6jährigen Bock schließen. Noch war der Wildkörper von den dicken Rapsstängeln verdeckt. Dann drehte er auf 60 Gänge in die Wiese ab und verhoffte auf meinen leisen Pfiff. Und schon war die 8x57 IRS aus meiner Bockbüchse raus. Im Schuss riss es den Rehbock herum und mit tiefer Flucht verschwand er hinter einem Buckel der Wiese. In Ruhe lud ich nach und beobachtete die Buschkante in Fluchtrichtung. Gerade als ich mich von der Sitzfläche erhob, preschte 50 m links eine Ricke aus dem Kraut des Grabens gefolgt von einem jungen Gabelböckchen. Als die beiden in den Wind der Wundfährte kamen, verhofften sie blitzartig und verschwanden hochflüchtig dahin, von wo sie kamen. Mit klopfendem Herzen verließ ich jetzt den Hochsitz und begab mich zum Anschuss. Hier lag Lungenschweiß. Nach wenigen Schritten sah ich den Bock verendet in einer Bodenwelle der Wiese liegen. Ich trat an den Gestreckten. So einen guten Rehbock hatte ich in den letzten 20 Jahren nicht mehr erlegt. Ich versorgte den Kapitalen, reichte ihm den letzten Bissen und hängte ihn zum Ausschweißen in eine Erle. Nach kurzem Besinnen schickte ich mit dem Horn das Signal - Rehbock tot - in Richtung Herwigsdorf, in der Hoffnung, dass mein Freund und Gönner Wilfried oder meine Holde von meinem Weidmannsheil hörten.

Wie verabredet war ich pünktlich 8 Uhr auf dem Hof. Wilfried ließ es sich nicht nehmen mit mir den Bock zu bergen. Dann ging es zum ausgiebigen Frühstück. Die noch anwesenden Gäste, die gesamte Familie und meine Frau freuten sich mit mir.

Die beiden Rehböcke vom Abend und Morgen brachten je 19 kg auf die Waage und wurden später beide mit einer Bronzemedaille bewertet. Es blieb nun nur die Frage offen, ob mein Bock der von Uwe G. am Abend verschonte war.

Im Stillen widmete ich diesen Rehbock meinem verstorbenen Freund und Weidgenossen Wolfgang Wagner.

Wolfgang Wagner (Bildmitte) zu Besuch bei uns im Karschwinkel

Auf, auf zum fröhlichen Jagen!

Das waren noch Zeiten, als im Kulturpalast zu Dresden die jährliche Veranstaltung unter dem o.g. Motto lief. Die Leitung des Palastes organisierte diesen Höhepunkt mit den Jägern und Bergsteigerchören des Bezirkes Dresden sowie namhaften Künstlern der ehemaligen DDR. Dabei sorgten viele humoristische Einlagen für die nötige Stimmung im Publikum.

Ich erinnere mich noch genau an den Tag, als der Direktor des Palastes M., der gleichzeitig den Bergsteigerchor „Kurt Schlosser" leitete, unser Beiratsmitglied für das Jagdliche Brauchtum Dr. Rolf M. und mich Mitte der 70er Jahre zur Konstituierung der ersten Veranstaltung einlud. Zuerst ging es im Beisein des Künstlerischen Leiters S. in der Beratung um den Titel, der hierzu durchgehend passen musste, ohne bei Partei und Regierung anzuecken. Dazu lagen bereits fast ein Dutzend Vorschläge auf dem Schreibtisch. Nun gab es eine lange Diskussion um:

„Weidmanns Heil! und Weidmanns Dank!",
„Was gleicht wohl auf Erden",
„Horrido und Hussasa",
„Ich schieß den Hirsch im wilden Forst",
„Des Jägers Klage",
„Im Wald und auf der Heide"
„Früh morgens, wenn die Hähne kräh'n"
u.s.w., u.s.w.

Da fiel mir der Titel eines Jägerliedes ein, das mir meine Großeltern aus Dresden beigebracht hatten, als ich gerade mal 5 Jahre alt war, das ich auch später auf dem B-Horn blies und mit unserer Tochter gern sang. Und so hieß die Veranstaltung über viele Jahre:

„Auf, auf zum fröhlichen Jagen"

Der Kulturpalast mit seinen damals 2.400 Plätzen war an den jährlichen drei Abenden immer ausgebucht. Unsere vereinigten Jagdhornbläsergruppen und die Spitzenbläser „Patzig" aus dem damaligen Karl-Marx-Stadt, die beiden Bergsteigerchöre „Kurt Schlosser" Dresden und die „Bergfinken" Sebnitz sowie die Vorführungen der Jagdhunde und der Beizvögel begeisterten das fachkundige Publikum. Abgerundet wurde die Vorstellung durch Künstler mit klassischen und heiteren Vorträgen aus Oper, Operette, Volksmusik und Humor zum Thema Jagd.

Das Jagdwesen fand zu dieser Zeit die uneingeschränkte Zustimmung in der Bevölkerung. Den Begriff „Jagdgegner" kannten wir damals noch nicht.

Nun gab es aber auch Pannen, die in Erinnerung bleiben und mir heute noch ein Lächeln aufs Gesicht zaubern:

- Bei einem Auftritt der vereinigten Jagdhornbläsergruppen fehlten plötzlich die Bläser aus dem Kreis Kamenz. Ein Bühnenbediensteter hatte sie aus Versehen in einen Umkleideraum eingeschlossen. Das Klopfen von innen wurde bei dem „Theater" auf der Bühne nicht wahrgenommen. So blies man ohne sie.

- Nach einer Jagdhundevorführung sperrte ein Jäger seinen Deutsch-Drahthaar Rüden in einem Raum, indem u. a. eine Bass-Geige abgestellt war, um zur Toilette zu gehen. Dem Rüden war die Zeit dann offenbar zu lang geworden. Er zerlegte das wertvolle Instrument fachgerecht in seine Einzelteile. Der Eigentümer des wertvollen Instruments, der Hundeführer und der Vertreter der Jagdversicherung konnten über den beachtlichen Schaden nicht, wie viele Unbeteiligte, lachen.
- Während einer Greifvogelvorführung ließ ein Falkner vom obersten Rang einen Habicht zu dessen Herrn auf der Bühne runter starten. Im Parkett schwebte der Greif knapp über die Köpfe des Publikums. Alle juchzten auf und zogen ihre Köpfe ein. Aber anstatt auf die Bühne auf dem Handschuh des Falkners zu landen, drehte er eine erneute Saalrunde, und krallte sich in den blonden Wuschelkopf eines jungen Zuschauers. Ein anwesender Sanitäter versorgte in der Zwangspause die blutenden Kratzer des Verletzten.

Als 1990 unsere Veranstaltung leider das letzte Mal lief, ertönte auf dem abschließenden Bühnenbild beim Gesang der Titelmelodie von allen Beteiligten das „Auf, auf zum fröhlichen Jagen". Mit dem letzten „Jagd vorbei und Halali" des vereinigten Jagdhornbläserchors setzte ein vielstimmiges, ohrenbetäubendes Geheul all unserer Jagdhunderassen von den Teckeln über die Jagdterrier von den Spaniels über die Wachtelhunde und von den Schweißhunden bis zu den Vorstehhunden ein.

Sie trauerten lauthals um die vergangenen schönen Stunden im Kulturpalast Dresden.

Die größeren Leistungsvergleiche der Jagdhornbläser fanden zu dieser Zeit, unter dem gleichen Motto, in der „Jungen Garde" im Großen Garten Dresdens unter freiem Himmel statt.

Diese jagdkulturellen Veranstaltungen suchen heute, Jahrzehnte später, ihresgleichen. Glücklicherweise fiel der Kulturpalast Dresden dem Abrisswahn der Nachwendezeit nicht zum Opfer. Man baute den Innenraum zu einem hochmodernen Konzertsaal mit einer hervorragenden Akustik um.

Blick in den heutigen Konzertsaal

Undank ist der Welt Lohn

„Lisa" auf dem Heller

Seit 2006 übe ich als ausgebildeter Forstmann und Berufsjäger nach meiner 50-jährigen forst- und jagdlichen Dienstzeit die Tätigkeit als bestätigter Jagdaufseher auf dem Dresdner Heller aus. Mir geht es dabei vordergründig darum, meine Wachtelhunde vor der „Haustür" ausbilden zu können und im Naturschutzgebiet Heller, dem früheren Truppenübungsplatz, mit für Recht und Ordnung zu sorgen. Der Jagdpächter M. bat mich später auch um die Ausübung der Jagd, insbesondere auf Schwarzwild. Diesem Wunsche kam ich natürlich gern nach und baute mir im östlichen Teil eine hohe, freistehende Ansitzleiter auf einer früheren Panzerschneise. Salzlecke und Kirrung gehörten selbstverständlich dazu.

Auf diesem Hochsitz pausierte ich fast täglich nach meiner Morgenrunde mit Wachtelhündin und Frau sowie den Enkeln, wenn diese in Hellerau weilten. Wir ließen uns von der Morgensonne wärmen und genossen im Mai die Besenginsterblüte in ihrer gelben Pracht und später im August die Heide mit ihrem Bienengesumm.

Ein halbes Dutzend Sauen konnte ich hier in den nächtlichen Mondphasen erlegen, darunter einen für die hiesigen Verhältnisse beachtlichen Keiler. Den ersten Schreck bekam ich, als der für das Rehwild gedachte Salzbaum eines Morgens bis in einen Meter Höhe mit Buchenteer eingestrichen war.

Auf meinen sofortigen Anruf beim Jagdpächter antwortete dieser: „Das war ich in der Annahme, dass es sich um den Mahlbaum handelt." Doch dieser stand keine 10 m auf der anderen Seite des Schussfeldes und der Drahtkorb mit den weißen Salzklumpen war wohl in 2 m Höhe kaum zu übersehen. Ich machte mir so meine Gedanken und säuberte mit Schäleisen und Salzwasser den Stamm, so dass er in wenigen Tagen wieder vom Rehwild angenommen wurde. Schwamm drüber!

Als nach wenigen Jahren dieser Waldteil dem Forstbezirk Dresden zugeschlagen wurde, musste ich den vertrauten Ort räumen, baute die Ansitzleiter ab und stellte sie weiter westlich wieder im Pachtbezirk auf. Da zur gleichen Zeit die Neuverpachtung des Eigenjagdbezirkes anstand, gab es seitens des damaligen Revierförsters G. Begehrlichkeiten, den staatlichen Jagdbezirk noch zu erweitern und einen ausgewiesenen Reitweg zur neuen Grenze zu machen. Als Jagdaufseher, der das natürlich verfolgte, stellte ich fest, dass bereits ein Hochsitz und eine geschlossene Jagdkanzel, von Forstarbeitern errichtet, plötzlich im „Wunschgebiet" des Revierleiters standen. Das teilte ich dem Jagdpächter und dem Forstbezirk Dresden mit. Die Neuverpachtung blieb, auf meinen Vorschlag hin, bei der bisherigen Grenze, der Schneise 20. Den illegal errichteten Hochsitz baute man dort wieder auf, wo ich den meinigen damals abgerissen hatte. Aber die illegal schon errichtete Jagdkanzel, heute „Forstkanzel" genannt, beließ man am Standort nahe der ehemaligen, später aufgeforsteten, Hellerauer Mülldeponie.

Meinem Jagdpächter M., der aus gesundheitlichen Gründen fast ausschließlich mit seinem großen Geländewagen im Jagdgebiet unterwegs war und ist, kamen meine Beobachtungen nun zugute. Weniger freute ihn, dass ich auch einige Missstände, mit Name und Hausnummer nannte. Es konnte meiner Meinung nach nicht sein, dass frische Schwarten von Sau und Dachs auf der Kirre vor sich hin stanken und die Hellerbesucher vergraulten. Auch das Kirren mit Gemüseabfällen war so eine Unsitte.

Nun hatte ich mir in einem malerischen Tälchen unter einer mit Eichen bestockten Düne nahe dem nördlichen Schwarzwildeinstand eine offene, aber überdachte, Jagdkanzel nach meinen persönlichen Wünschen und Vorstellungen gebaut, die ich bei meinen Kontrollgängen täglich besuchte, die Kirrung beschickte und um die geharkte Salzlecke die Anwesenheit des Rehwildes feststellte.

Wenn es der Mond, im Winter die Schneedecke oder bei tief hängenden Wolken das Stadtlicht von Dresden zuließen, setzte ich mich bis nach Mitternacht auf Sauen an. Die Erfolge waren mäßig, da man auf dem vielbesuchten Heller nie wusste, wenn es den Schwarzkitteln einfiel, die Kirrungen zu revidieren. Doch eines frühen Morgens streckte ich eine stärkere, ältere Bache, die sich ohne Frischlinge und sehr vorsichtig an meinem Mais gütlich tat. Mit der Handseilseilwinde, die ich an einem Kanzelpfosten befestigte, spillte ich sie danach in Etappen bis zum Weg, brach sie auf und fuhr mit dem Fahrrad nach Hause. Von dort aus verständigte ich den Jagdherrn und fuhr dann mit Jimny und Hänger die 80kg-Sau zu mir nach Hause. Es war inzwischen zeitiger Morgen geworden. Da der PKW des Jagdpächters zur Inspektion war, bat er mich, das Wildschwein zu ihm nach Hause an seine Garage zu bringen, in der sich sein Wild-Kühlschrank befand. Nach längerer Suche des Treffpunktes im Stadtteil Prohlis auf der gegenüberliegenden Elbseite, fanden wir, meine Frau begleitete mich, den Wartenden. Zum Kühlschrank in seiner Garage führte eine an der Decke befestigte Schiene mit Haken und Rolle. Als ich den Kühlschrank sah, war mir sofort klar, dass die Sau darin keinen Platz fand. Trotz meiner Bedenken hieften wir die Sau an den Haken und schoben Sie mit vereinten Kräften nach hinten. Bereits nach einem Meter Strecke krachte die gesamte Konstruktion samt Sau herunter. So lagerten wir sie, wie von mir gleich vorgeschlagen, auf dem Garagenboden. Danach fuhren wir nach Hause, aßen ordentlich zu Mittag und danach schliefte ich, gezeichnet von den Strapazen zu einer längeren Ruhe in meinen Federbau ein. Von dieser Kanzel erlegte ich dann später noch 2 Überläufer und 2 Stück Rehwild.

Bei den jährlichen winterlichen Gesellschaftsjagden im Pachtgebiet stellte ich meine beiden Ansitzeinrichtungen den Gästen des Jagdpächters zur Verfügung und arbeitete mit meiner DW-Hündin „Lisa“ als Durchgehschütze. Diese Jagden fanden in der Regel Sonntags statt, was in einem stadtnahen Gebiet immer problematisch ist. Die Ergebnisse waren dementsprechend.

So vergingen die Jahre. Ich kam mit dem bei mehreren Jägern und auch Behörden umstrittenen Jagdherrn M. bis dahin jedoch recht gut aus, obwohl er schon zwei seiner Begehungsscheininhaber in den Vorjahren gefeuert hatte. Offensichtlich wusste er genau, welche Vorteile meine fast täglichen Kontrollen für seinen Jagdbezirk brachten.

Nun tauchte plötzlich ein Neuer aus dem Kreis Meißen auf, den M. als seinen „Kronprinzen“ auserkoren hatte. U. wurde auf der folgenden Gesellschaftsjagd als Jagdleiter vorgestellt. Er kontrollierte als erstes die Jagddokumente der „Alten Hasen“ und führte eine akkurate Belehrung durch. Als Neueinsteiger zeigte er uns auf seiner ersten Hellerjagd mit der Erlegung von 3 Stücken Rehwild in der nahen Kiesgrube, wo es lang geht. Gutgläubig zeigte ich ihm auf seinen Wunsch hin, ich hatte bereits seinen Vater als Jäger gekannt, nach der Jagd meine Kanzel und bei mir zu Hause meine Jagdtrophäen und Jagdwaffen, was ihn sichtlich beeindruckte. Später sprach er bei der Jagdeinweisung, zum Beispiel, nur noch von Schneiders „Luxuskanzel“. So verging die Zeit.

Im Februar 2018 an einem Freitag, endlich lag mal einen „Neue“ und die Sauen hatten meine Kirre gut angenommen. Da rief mich U. gegen 17 Uhr an und fragte, ob er sich heute Abend an meiner Kirre auf Sauen ansetzen kann. Da ich bereits meine Jagdutensilien vorbreitet hatte, antwortete ich ihm: „Die Sauen haben in der Nacht zu heute meine Kirre angenommen und ich werde nachher selbst auf meiner Kanzel sitzen.“ Ich bot ihm aber an, meine freistehende Hochsitzleiter in der Nähe zu beziehen. Das lehnte er ab. Als ahnte ich Schlimmes, schnappte ich mir meinen Hund und besuchte noch mal gegen 18 Uhr, zum Glück unbewaffnet, meine Kanzel. Und siehe da: „Die Kirre war abgeräumt und meine Rotte Sauen hatte sich bereits zu so früher Abendstunde gesättigt aus dem Staube gemacht!“ So erübrigte sich auch die Anmeldung zur Jagdausübung mit Waffe, die für mich bei jedem Jagdgang beim Jagdherrn verbindlich war.

Am Folgetage bekam ich von diesem aber einen Anruf, in dem er unmissverständlich tönte: „Ich bin der Jagdherr und habe kein Verständnis dafür, dass du den U. am Vorabend nicht auf deine Kanzel gelassen hast. Und im Übrigen hattest du dich nicht, wie immer, zur Jagd bei mir angemeldet!“ Nachdem ich erst mal schlucken musste, klärte ich ihn darüber auf, dass es nicht üblich ist, wenn ein Jäger auf seine Kosten kirrt, dass ein anderer dann dessen

Früchte erntet. Auch, dass die Sauen bereits da waren und ein Ansitz sich für mich erübrigt hatte. Wir wechselten noch einige Worte. Danach war die Sache war für mich, aber nicht für ihn, erledigt.

Zwei Monate später lud M. zur Rehbockjagderöffnung mit anschließendem Schüsseltreiben ein. Der Abendansitz verlief wie so oft erfolglos, da noch viele Hellerbesucher mit ihren Hunden bis in die Dunkelheit unterwegs waren. Nach der Jagd spendierte M. belegte Hackepeterbrötchen sowie verschiedene Getränke nach Wunsch. Als die ersten Gäste zum Aufbruch bliesen, bat der Jagdherr seinen „Jagdleiter" U., seinen Begeher R. und mich noch zu warten. M. setzte sich nach der Verabschiedung der Gäste wieder an die Stirnseite des Tisches und ergriff zornig das Wort. So begann er plötzlich eine Ladung „dreckiger Wäsche" gegen mich zu waschen. Er polterte in seiner seit Jahren bekannten Art gegen mein Verhalten an dem Februarabend gegen U., warf mir „Jagdgeilheit" vor und schimpfte im gleichen Atemzuge, dass ich schon 1 Jahr kein Wild mehr für ihn erlegt hätte. Dabei hatte er in der gesamten Pachtperiode selbst nur wenige Schüsse abgegeben. Für meine kritischen, offenen Worte unseres Telefonats von damals verlangte er eine Entschuldigung. Darauf antwortete ich ihm: „Wer immer nur austeilt, muss eben auch mal eine berechtigte Kritik einstecken können. Schließlich war ich schon 30 Jahre Jäger und Jagdreferent, als du deine Jägerprüfung im fortgeschrittenen Alter abgelegt hast."

Daraufhin erblasste mein „Weidgenosse" und verbot mir ab sofort die Jagd in seinem Pachtgebiet. Da er aus gesundheitlichen Gründen schon länger mit seinem Aufhören unkte, vermute ich ein abgekartetes Spiel mit seinem Wunschnachfolger. Mal sehen, wann M. auch ihn „verabschiedet"?

Seit diesem Abend hörte ich nichts mehr von beiden und baute in der Folgewoche meine zerlegbare Hellerkanzel ab. Sie wurde jetzt bei meinem Jagdfreund und Forstkollegen Frank M. in einem Wiesentälchen im Jagdgebiet „Mordgrund" nahe der tschechischen Grenze mit der tatkräftigen Hilfe von ihm, Torsten W. und Erich I. errichtet. Zur Brunft im September 2019 weihte ich sie mit der Erlegung eines Rotspießers ein.

Kein seltener Anblick …

… von der Hellerkanzel, die nun hier im nahen „Hirschgrund“ steht.

Die Zeit und der „schnöde Mammon“ sollten entscheiden, wie lange meinem Freund und Forstkollegen Frank M. dieser einmalige, schöne Jagdbezirk vom „Sächsischen Heimatschutz e. V.“ noch verpachtet wird.

Und was wir befürchteten, trat zum 1. April 2020 ein. Der o.g. Verein verpachtete seine drei Eigenjagdbezirke nicht mehr an die bisherigen einheimischen Jäger, die den Wildbestand gehegt und weidgerecht bejagt und die geschützten Wälder und Bergwiesen mitgepflegt haben. Da kann man nur kopfschüttelnd ausrufen: „Weidmanns Dank!“, und einen bekannten Philosophen abgewandelt zitieren: „Ja, das Geld regiert auch in der Jagd seit 1990 zunehmend die Welt.“

Meine Hellerkanzel wurde vom neuen Jagdpächter, der das ‚bessere‘ Konzept vorlegte, übernommen.

Die Jagdaufsehertätigkeit übe ich weiterhin auf dem Heller aus und erfreue mich tagtäglich an den Schönheiten in der dortigen Natur

Unser Waldkauz auf der Säule … und Sauen satt

Ausblick

Meinen Mitmenschen und Weidgenossen lege ich des „Jägers Klage“, nicht allzu wörtlich ans Herz, denn auch im hohen Alter lässt es sich in vielen Revieren noch gut jagen!

Die schönen Erinnerungen bleiben das Paradies, aus dem man zum Glück nicht vertrieben werden kann.(abgewandelt nach Jean Paul)

Ohne „Knallstock“ vertraute auch er mir

Inmitten meines Reiches zu Hause, im Jagdkelller

Danksagung

Ich möchte mich bei allen meinen Freunden und ehemaligen Kollegen, die zum Gelingen dieses Buches beigetragen haben, recht herzlich bedanken. Mein besonderer Dank gilt meiner Frau Rosemarie meiner Tochter Anja, meinem Schwiegersohn Stephan für ihre Unterstützung und ihr Verständnis. Bei Frau Ulrike Mailick bedanke ich mich für die freundliche Genehmigung zur Veröffentlichung von Bildern ihres Großvaters Erik Mailick und nicht zuletzt meinem Freund und Nachbarn Michael Neuhaus für die große Hilfe bei der Skalierung der Bilder und Gestaltungsproblemen am Computer.

Allen, die mich mit Fotomaterial, wie z.B.: Dr. Gert Dittrich, Rolf Scharfe und Uwe Kletschkus, unterstützt haben, sei gedankt.

- Herrn Ulf Peter Schwarz, Nord-West-Media Verlag danke ich für hervorragende Zusammenarbeit.

Für viele unvergessene Jagderlebnisse in den letzten 5 Jahren seit der Veröffentlichung meines 1. Buches, danke ich:

- Frank und Pia Marschner, Polenz mit ihren Jägern: Erich Iltgen†, Torsten Winkler, Ulrich Frenzel, Hendrik Scholz, Jonas Marschner und Lothar Gottlöber
- Wilfried und Ortrud Mannigel, Herwigsdorf,
- den Kollegen und Kolleginnen vom Forstbezirk Neustadt/ Sa.
- Uwe Borrmeister, Mario Prielipp, Thomas Röder, Mike Metka, Annette Schmidt-Scharfe, Michael Blass, Ralf Schulze, Olav Spengler, Christian Klier, Bernd Kaiser, Christian Schmidt, Waldemar Michel, Janett Meschkat und Anett Wehner
- vom Forstbezirk Dresden: Dr. Marcus Biernath, Ronny Schubert, Lutz Knauth, Victor Parthey , Ulrich Koch, Christoph Schubert, Felix Mantel, Heike Hoffmann, Manfred Kittel, Thomas Großmann und Ralf Winter
- vom Forstbezirk Bärenfels:
  Wolfram Gläser, Uwe Liebscher, Thomas, Achim und Christina Funke und Eckart Heinze
- vom Forstbezirk Chemnitz: Bernd Ranft und Chris Jasper
- vom Nationalpark Sächsische Schweiz:
  Dr. Dietrich Butter, Egbert Eibenstein und Frank Wagner
- den Commerauer Wildentenjägern: Alexander Lehmann, Dieter und Alexander Wilhelm und nicht zuletzt der Schießstandbesatzung Großdobritz mit Dr. Torsten Krüger, Michael Hunger, Patrik Donath und Christa Barth.

Quellennachweis

Literatur

1. H. Wittecke / M. Heinze: Forstausbildung in Thüringen, Schwarzburg 1946-2008, Herausgeber: Enchina Media Verlag, Bürgel 2008
2. E. Mailick: Meine Wildmotive, Herausgeber: Militärverlag der DDR (VEB) Berlin 1980
3. Jagdzeitschriften: „unsere Jagd“8/2006 und „Wild und Hund“17/2006, Tageszeitung: „Sächsische Zeitung“ 30.03.2004

Der Wald bietet nicht nur Holz, Erholung und Wild!

Fotonachweis

	Seiten
E. Mailick	1, 26, 43, 69
H. Schneider	6
G. Schneider	13
B.Grundmann	14
R.u. A. Adam	15
Literatur	1, 17, 18,
H. D. Horstmann	29
Weltjagdausstellung 1981	158, 159
Katalog Moritzburg	44
Dr. G. Dittrich	49, 50, 99, 100
C. Zimmermann	83, 84
P. Dittrich	86
U. Kletzschkus	89
Dr. H. Borrmeister	108, 114
F. Raak	120
L. Patzig	94
H. Gröger	127
R. Scharfe	128
A. Gerstenberger	130, 131
A. Behrens	113, 114
Dr. R. Mäser	153
Postkarten	27, 160
Archiv des Autors	8, 9, 10, 10, 19, 25, 30, 31, 31, 32, 35, 37, 39, 42, 46, 47. 50, 51, 52, 53, 58, 60, 60, 63, 71, 71, 73, 73, 74, 75, 76, 77, 81, 82, 84, 87, 89, 93, 95, 96, 103, 104, 110, 116, 119, 125, 141, 141, 142, 145, 145, 148, 159

Mein gut gemeinter Rat:
(von Peter Rosegger)

Ein bißchen mehr Friede
und weniger Streit
Ein bißchen mehr Güte
und weniger Neid
ein bißchen mehr Liebe
und weniger Haß
ein bißchen mehr Wahrheit
das wäre doch was
statt soviel Hast
ein bißchen mehr Ruh
statt immer nur ich
ein bißchen mehr Du
statt Angst und Hemmungen
ein bißchen mehr Mut
und Kraft zum Handeln
das wäre gut,
Kein Trübsinn und Dunkel
mehr Freude und Licht
kein quälend Verlangen
ein froher Verzicht
und viel mehr Blumen
solange es geht
nicht erst auf Gräbern
da blühn sie zu spät.